U0019510

# 你，就是改變的起點

洞悉職場浪潮新思維，
高階經理人談「打工仔」的人生課外課

L'Oreal Group, 前 L'Oreal TW CMO
跨界斜槓數位女力
羅煒茜 Paris Lo
——著——

CONTENTS

## Part 2

## 蹲低躍高的決心

## Part 3 職場真功夫



## Part 4 錯置人生

# Part 5
## 現代女人必修課

推薦序

# 勇敢曙光，讓「挫折」成為「轉折」

道家人文協會創會榮譽理事長暨作家　紫嚴導師

沒有暗礁，激不起美麗的浪花；沒有大雨，見不到絢爛的彩虹。耀眼奪目的人，必然有過一段段艱辛而勇敢的歷程。

每一位成功者散發出的自信光芒，背地裡，不知煎熬了多少個黑夜，在漫長旅途中暗自承受挫折的淬鍊，捨盡自我侷限，忍受著外界的否定和訕笑，即便歷經許多痛苦，也不曾擊潰他們的堅強，因為，這是場「超越自我」修練的過程，更是一種自我沉澱、積蓄能量，直到走出困境的一連串珍貴體驗。

人生這趟旅程，時而平順時而險峻，有時位居高處，有時深陷低谷，路途中有顛簸、有平坦，亦會遭逢暴雨泥濘，或徜徉於風光旖旎之境，經由一個個際遇堆砌出今生的成就。我們都知道，如果不會害怕，永遠學不會勇敢，即使像個迷路的孩子，站在生命十字路口彷徨徘徊，也別忘了為自己再勇敢一次，唯有義無反顧地嘗試，才能體認到自己其實並不畏懼。

作者羅煒茜所著作的《你，就是改變的起點》，完美詮釋出「逆境，是再次躍進前的低谷蟄伏」。書中各章節猶如琴譜上高低行進的美妙音符，在跌宕起伏的事件旋律之中，讓我們遇見作者「溫柔中的堅毅」，啟發讀者深刻體認到：「勇敢，是身處逆境時的曙光」，所有事與願違的「挫折」，成了開創未來的「轉折」，再從「抉擇」中熟成圓滿的人生智慧。

有艷陽的地方，就不存在陰霾，有勇敢的心境，便不存在遲疑。所以，願你能在此書遇見最美的自己，珍惜每一個晴朗的好心情，深愛著心中每一寸自信；生命裡總有一次，你會因自己而驚豔，總有一天，你會因自己而感動，只要那顆心是晴朗的，人生就不存在雨天。

推薦序

# 人生新篇章靠自己打開

旭榮集團執行董事　黃冠華

認識煒茜已經有幾年的時間，因緣際會之下我們一起就讀了臺大ＥＭＢＡ復旦班，成為學長學妹。煒茜開朗活潑的個性與行銷的長才，讓她在班上非常的活躍，成為活動與社交運作的重心。

更認識她之後，我才知道她在當年邁入婚姻的同時被宣判惡性腫瘤，最後抗癌成功的故事，這峰迴路轉的人生還有這一路走來的心路歷程，相信每一位讀者看的都是驚心動魄！

歷經了這一切，最讓我佩服的，是煒茜她永不停滯對生命的熱誠與赤子之心，由於有這樣的動能，煒茜把斜槓人生的精髓發揮到淋漓盡致，尤其在最近，她決定褪下「外商高階職場專業經理人」的角色來邁向下一步，展開她的斜槓人生。

如同煒茜在書中所提到的，人的認知和知識系統裡，觀念之間的關係習習相關，我們以為沒有問題的觀念或知識，一切行為就會建立在錯誤上。就算和正確、錯誤無關，也許我們被框架奴役而不自知。

決定跳脫出框架是一件很不簡單的事，最近一次見到她時，她談到了最近的一個工作與美食新發現，在表達時的那種神情和投入真的是全身散發著光芒，我和她笑著說，有這樣的精神力，我想不論做什麼事情，都會被這強大的精神力驅動而成功吧！

煒茜一路走來的故事，值得大家細細品嚐，我們也一起祝福她，邁向人生的新篇章。

推薦序

# 這是一本每個人都應該翻開的書

富邦媒體科技股份有限公司董事長　林啟峰

一開始我以為這是一本勵志的書，故事的主角在三十二歲的時候決定了她的終身大事，然而就在即將舉行婚禮的同一個月，命運跟她開了一個很大的玩笑，她在無意中摸到了胸部的硬塊，進而檢查出來是惡性腫瘤。

故事的主角說「奇蹟始於正念循環」，靠著信心以及不斷正向轉念的十年，她終於克服了病魔，開始用一個全新的態度來面對未來的生活。

經過了這個人生的大考驗，每個人都會問自己，到底該不該汲汲營營的追求事業，還是應該放緩腳步全部重來，找個沒有壓力的工作？她回想自己過往的個性實在太好強，多多少少伴隨著壓力跟壓抑，活在在這個商業社會，總因光鮮亮麗的物質而迷失了自己，沒有弄清楚真正追尋的到底是什麼，以至於感到空虛和茫然。

驀然回首，在度過了第一個復發機率最高的前十年，感覺疾病似乎已經遠離，寬下心來，才忽然驚覺上帝的真的給她一個最好的天使——默默陪伴的老公。作者提到這十年的前五年，怕孩子生下來沒有媽媽，重點都放在病情的追蹤上也就沒有想到要懷孕；近五年的焦點在事業上，隨著年紀漸長也沒有強求一定要生孩子。而這個陪她一起走過十年的男人，完全給了她空間和自由、尊重與愛。

於是本來以為是勵志的小說，突然又變成言情小說，訴說著什麼是真正的感情，以及女人如何學會愛自己。

長久以來我的行銷訓練告訴我，書要賣得好，讀者客層定位一定要明確，書裡傳達的訊息，也就是行銷的主訴求，一定要非常清楚，這本書講到這裡已經有兩個 unique selling point（USP），包括勵志與愛情，再說下去就多了。

但是接下來，我又看到一個在職場努力向上、汗流浹背、橫衝直撞、運籌帷幄、永不服輸，在她不確定還有多長的生命裡面，想把所學的武功，記載在這本書裡面，好讓未來看到這本書的有緣人，不至於閉門造車，藉著正確的武功心法，早日練成絕學。

作者的武功師承十分複雜，有台灣數位媒體臉書派、雅虎奇摩派、法國派、臺大復日幫等等，是斜槓人生的教母級人物，同門特力集團何湯雄、Ntellet 黃燕玲、愛爾達陳怡君等人皆非泛泛之輩。

最後我實在要說，這本書就是一個掏心掏肺的女作家，一個永遠不滿足於現狀的女作家，一個想挑戰人生高峰的女作家，一個什麼都會的斜槓女作家，在訴說著她的生命故事。她任性的把她的武功都記錄保留下來給有緣人。真的不知道，這麼多的 USP 以及 TA，這麼的一本斜槓書籍，怎能不賣？

作者序

# 人生沒有所謂「上限」和「天花板」

我對於能有機緣出版這本書存著感恩的心。

現在書市並不是很蓬勃，我也不是想紅或賺錢，只是以一個四十二歲的平凡女性，寫出目前的人生經歷。這本書是我真心客觀地分享自己的人生觀點和切入事情的視角，講述我是如何抉擇自己的人生道路。分享的同時，我也在重溫、再教育和內省自己。不一定要認同我，但是只要其中一個觀點可以讓人有新視角和轉念，我覺得就值得了。恭喜你！因為有了新視角就能啟動新生，等於多活了一個新的精采人生。

在你的人生中，你就是這部戲的主角、配角、製片、總務，身兼所有角色，得顧及所有劇情發展和互動環節，才有可能成就並演好這部人生大作。我們在人生任何階段，都有機會改變自己的演法，因為還沒有殺青。在這齣戲裡，你一直在換攝影棚和場景，所以人生沒有所謂上限和天花板。

我明明是數位人，但是我愛透過文字和書本的溫度去分享自己的觀點，讓大家有機會觸類旁通得到屬於自己劇本的延伸，與人生觀點啟發。身為一個靠自己努力拚搏而曾經想往上爬的平凡世俗女子，很多人認為我運氣好，但是沒有人看到我的努力過程和如何努力才能做到「捨而得」。

我的人生截至目前沒有什麼大成就，但是我積極地把一天當兩天用，也因為這樣，很快得到一些人生的體悟。我沒有想針對特定族群寫書，純粹想分享自己的真實故事與人生觀點。還想真摯的獻給所有需要愛自己和被鼓勵的人們，你們很棒也很偉大，在這個競爭的時代，你們要兼顧太多種身分。

從少女變少婦，再到熟女，這期間我的心理和生理改變許多。不只有家庭，還要兼顧事業，這本書從我二十多歲的經歷寫到我四十二歲，相信其中一些內容一定跟大家會有共鳴，因為我們都面臨過對未來的徬徨與未知，我們都渴望愛人與被愛，卻常常忘記愛自己。別忘記，我們都握有自己人生的主導權和選擇權，從瞭解真實內心自我和愛自己、善待自己開始吧！

當你看到這本書的時候，也許就是我又選擇放棄某職涯的時候，又到新領域鏈結。不過記得，是你選擇放棄，不是不得不放棄，你才有資格去放棄，邁向下一步，走向屬於自己的精采未來。

致生命中所有擦身而過、並肩作戰、教導或指導、陷害或漫罵過我、誤會不瞭解而到處添油加醋我故事的所有貴人，有你們才有今天強壯心智的我。我感恩的人很多，也常常覺得自己何其幸運，所以始終覺得出現在我生命中的人都是有意義的。以下我要感謝提序人：道家人文協會創會榮譽理事長暨作家紫嚴導師、識富天使會聯合創辦人暨旭榮集團執行董事黃冠華先

生、富邦媒體科技股份有限公司董事長林啟峰先生。（按姓名筆畫順序排列）

另外，還要謝謝國立臺灣大學國際企業學系謝明慧教授、鼎運旅遊集團董事長陳怡璇小姐、愛爾達科技創辦人暨董事長陳怡君小姐、滾石音樂國際公司董事長／滾石文化發行人／廣告雜誌 Adm 發行人段鍾沂先生、SparkLabs Taipei 新創加速器共同創辦人暨管理合夥人邱彥錡 Edgar Chiu、宏將傳媒集團暨復旦大學管理學院台灣校友聯絡處主任林逢春先生、特力集團總裁暨特安康董事長何湯雄先生、資深媒體人何戎先生。（按姓名筆畫順序排列）

最後我想把這本書獻給：

曾經懊悔浪費時間或覺得人生太晚覺醒和起步的你；

考慮要去申請 EMBA 進修的你；

站在人生職涯轉換的十字路口上，不論是在外商或新創公司的你；

曾經得過大病而身體不好的你；
在充滿競爭和資訊爆炸的職場打工的你；
經營企業想要數位化或是數位轉型的你。

PART

# — 1 —

# 夢想變現

# 從「我希望」到「我可以」

「我決定一個月內要瘦十公斤」「我一定要在月底做到一千萬業績」「我希望變成」，當你一直說「我決定」、「我一定」、「我希望」，其實都是壓力的來源，因為潛意識正在逼迫自己。有目標很好，但不該是壓力的來源，你要清晰的判斷這兩者的差別，目標是人生的動力不該是壓力。或許，你可以檢視一下，目標是否是過度放大或強求？判斷後，就該有能力決定這目標要繼續存在或放下。

當你讀懂自己、有自覺力、瞭解真我，你對事情和目標的視角與切入點，自然會是正向積極，而且目標才有機會達成，就不會再是壓力的來源和挫敗感的循環。

每個人面對事情的視角不同，對壓力的定義和抗壓能力也不同。以我自己的例子來說，長期習慣以結果導向處理問題，導致解決問題時不能有理由和藉口，所以從來不知道壓力是何物，這就是我最大的問題。然而，心理層面不自覺有壓力，不代表生理反應沒有壓力。某些人的問題則是完全不能有一點點壓力。過與不及都不好，當你的思考模式與視角一時半刻轉換不了時，一定會備感壓力。所以，要相信自己有潛力處理眾多狀況和排解適當的壓力，不要低估自己的能力與抗壓性。

## 你其實一直在進步

其實我們一直在進步，而印象中自己的能力，有可能還停留在以前對自己的認知。人們總是很容易記得過去挫折的痛，因此就會記得那個時候自己的水位與能力。但其實隨著時間流逝，你已比過往茁壯，所以會不知道原來自己可以做得到。當試著把自己的標準設高時，無形中也在拉高你的水位，拉高後縱然只做到八成，但說不定已經比你原本保守的目標還要更高，而且也會發現，原來你還可以超越原本認知的自己！

人的記憶都停留在最近，遙遠的事件中容易記得的部分都是大起或大落。試著用不同視角回憶看看這些「大起」，可能連自己回想起來都覺得 amazing！如果沒有不同的視角，就不會有不同的人事物和環境，沒置之死地，就不會有後生。

## 知難行易

我個人不認同知易行難，因為要看清楚癥結和問題就已不容易，還要是建立在對的認知、觀念與事實上就更難。何況當你「知」的部分已經有問題，有否「行」已不是重點。

在人的認知和知識系統裡，觀念之間的關係習習相關，我們以為沒有問題的觀念或知識，一切行為就會建立在錯誤上，就算和正不正確無關，也許我們早已被框架奴役而不自知。

為了要避免這類狹隘視角和置身錯誤之中而不自知，以第三者的觀點，不斷審視人事物，是最好的方法，畢竟人很容易陷入自己的盲點。

別再被過去的成功框架住現在的你，每說一句話的當下都已經是過去式；也不要用慣用思維和直覺反射去做人生抉擇，因為人事物一直在改變，再也不會有相同的時空與背景。所以行不難，難在發現盲點和發掘問題點，別被自己預設的框架給侷限了。

有了行之後，得懂得彙整「行」之後的啟發，隨著現在形勢、未來趨勢，自行判斷後再優化才是考驗。

# 追而不逐

每個人都有自己的夢想與理想，但人生最重要是「目標明確」，這樣在追求夢想與理想時，才會有確實的策略。

人生要有所追，過程的自我學習和領略是很珍貴且無可取代的。但追的同時，應達到無所求的心境，因為有所求會讓自己執著在狹隘的視角，而結果卻無絕對優劣。

至於追逐又不太一樣，「逐」只是圖一個安全感，你根本沒搞清楚要的是什麼，所以隨波逐流，只是再熱門和流行的產業，都不一定適合你。

人的初心都很清澈，但出社會後，一定很多人很茫然。不斷設立很多目標，像小孩子般，不斷奔跑，追著爸爸媽媽手裡的糖，嚷嚷著要吃糖，沒吃到前都覺得很珍貴，但吃到之後呢？

當你得到想要的東西，也失去了自己沒看到的東西。所以心靈富足和瞭解自己，不強求、不隨波逐流是最重要的。

## 想「上位」就要做「到位」

每一個人都有他天生的人格特質和專長，因而擔任組織中不同的角色和職務。職場上的任何溝通互動都是一種「主」和「從」關係，同時也是「收」和「放」的運用與藝術。

●對「人」的溝通：現場有哪些人，在誰的主場域，主題和目的是什麼等等，都影響這門溝通與應對的藝術，別忘記「以退為進」其實不失為好方法。

●對「事」的態度：職場中常常有很多會議，檢討、行動策略、計畫開展、找尋解決方案等等，如果為表態而表態、為發表而發表、為反對而反對，這全是不斷想主導和不懂收的表現。

別忘記會議的終極目的是什麼？這個目的應該會影響你的收放與主從的態度與應對。如果職場中只是一味講求個人風格，對於職涯發展不見得是好事。

你呈現的態度就是別人對你的第一印象，所以在職場上，必須看重自己的每次發言，不要總想「做自己」，職場就是職場，很難可以做自己。想要什麼位置就要有什麼特性與格局，並不是一直凸顯自己強項就有機會上位，凸顯單方面強項通常都不會是公司決定管理階級時會看的面向。

我曾經觀察到職場上的某些資深主管，因為某些強項很鮮明，任何場合都一直想主導所有事情，而不明白事緩則圓。人又不是酒會越陳越香，也不是待得久就有機會，想要什麼就要提前布局，朝這個方向前進。同時也常常看到大家嘴裡喊著我要上位，但是卻沒有依據想要的位子的條件做到位。如果想成為領導者，處理「人」的事，處理組織人事的應對進退才是重點。

在同間公司從某職務角色打拚三、五年變中階主管貌似合理，可是一旦超過五年，因為做事風格和視野高度而一直卡在中階主管，你甘心嗎？試著問問自己到底要什麼，中階主管沒有不好，但是要確認自己要什麼，就該讓自己成長到位和提升自我。無論要當哪種「角色」，都需要預先不一樣的職涯規劃和布局。

## 強化自己的絕對值

企業就像一台不斷行進中的列車，中途會臨停靠站，行駛中也會經過很多種地形和遇到不同的天氣（市場動盪），列車一直有人上車也會有人下車，同個時間待在列車上的，就有了當下的比較值，個人的絕對值需要一直提升，這樣談到比較值時才會持續保有競爭力。

所以，我才一直強調強化自身的「差異化競爭力」，絕對值的提升是自己的功課，自我絕對值的提升是長期要走的路。以我自己待的數位圈來說，就是日新月異，沒有停歇的一刻。絕對值的提升不是在既有的技能上著墨，它必須是循著既有技能的脈絡去跨領域增加相關技能，它是一種延伸，延伸競爭力，不管市場和環境如何日新月異，都不會對你造成威脅。

直到知天命之前，我不會找舒服的列車待著，數位領域就是一條不歸路，所以我形容這產業就如同一刀兩刃，身在這個已是趨勢的數位領域中，同時也被迫不斷學習以適應這個變動領域和市場。

## 強弱在人心

何謂「強」？何謂「弱」？課業都拿 A 或學霸？公司的職務抬頭？企業市值和身家總值？所屬產業的熱門與否？

我個人對強者的認知是「強者乃成功人士典範，卻能虛心大度、一視同仁」。對於示弱，我反而認為是好事一件，因為一山又有一山高啊！虛心示弱，長遠看來可以讓人更加成長和變得具有競爭力。但前提是，要「化弱項為非弱項，不必把弱項變強項」，因為沒有人是完美的，而且團體中最怕大家都要示強，硬碰硬。

我讀的臺大復旦EMBA境外專班，有來自中國的同學，相信大家都知道，中國地大物博、資源豐富、人口眾多，所以競爭非常激烈，這幾年正值經濟起飛之際，成功白手起家的創業家非常多。因為這些背景因素，中國同學見多識廣，氣度與高度都具備，且因為環境裡常常需要競爭，他們很敢表達自己想法並有狼性的特質。狼性特質在我的認知中是好的，因為人生不積極爭取和有野心，很多事不會發生。

所以，我對強者的第二個認知是「積極並勇於創造夢想的實踐者」。我的人生到現在已經四十二歲，早已體會不是所有事情都可以強求或按照劇本發生，有太多變動因素，又要天時地利人和，一切重點只在於有沒有勇敢努力追求過，不隨波追逐、不強求但是實踐過，不再只會嘴巴空談，你就是人生道路上的強者。

# 斜槓的真實意涵

提高視野、格局，如何更上一層樓而不自負？關鍵在於讓自己一直處在「弱勢」學習，並找到相關的斜槓多元發展。

看扁自己、認同別人，把自己看越扁越，有空間吸收，自信但不自大，不要被「後天所見所聞」蒙蔽，只要是出於自我執念與判斷，就是超越自己的阻礙。

所謂的競爭力，就是以自己所屬的核心產業價值，往外擴展開相關的必要技能，形成一個全方位生態系，這樣被取代的機率就會降低，可以選擇的路徑相較下也更寬廣。在找方向擴展自己職場競爭力時，可以把自己的核心價值和核心技能當作中心點，不斷往外畫圓，就可以知道自己可以如何不偏離主軸，而擴散相關技能。

舉例來說，以前的雜誌編輯，現在也可以是網路內容行銷的專家，FB小編、YouTuber、Clubhouse房主等等，而不停留在平面業種，跨領域到其他管道上，這也是一種提昇自己多元技能又不偏離主軸的方式。在這樣的條件下，競爭力自然比只會平面的編輯來得強。

## 成功斜槓的關鍵

透過學習可以提升競爭力。例如，多聽聽產業趨勢的工作坊、論壇；在周圍的人脈多多結識產、官、學不同面向的能者，多聽聽他們的視角分析，並試著用吸收到的資訊與自己的想法，交錯運用思考。「師傅領進門，修行在個人」，但不要只學少林寺武功或梅門氣功，要主動找不同派別師傅並在不同道場練習，加上自己的底子去嘗試集大成，內化成自己的心法。

能夠不斷有動力、奮力追求自我成長的關鍵，當中不二法門就是要「缺乏安全感」，讓自己害怕落後、覺得可以更好、更卓越，才會不斷再前進。永遠要比昨天的自己多努力或成長，我一直用這種態度在看待自己的職場競爭力，所以不滿足現狀的心態是好事，這讓你可以具有持續自我突破的精神。現代的社會已經沒有鐵飯碗這件事了，唯一可以跟著自己一輩子的，就是不斷自我學習培養的能力。

在我那個年代，還沒有斜槓這個名詞，但在YAHOO!的五年間，我自願請調過三個部門：Digital Media、Search Marketing、Search Engine Marketing Distributor。這三個不同面向的數位媒體經歷，讓我當時即使在同公司，卻擁有不同的技能，豐富了我的職涯。

當時即使身處網路媒體龍頭，但我心中總是有個小聲音，擔心自己只會數位媒體，所以後來又轉換了跑道，選擇到別的平台媒體公司習得更多歷練。當初這選擇以現在來看證實是正確的，以現代商業來說，數位媒體加上虛實通路是王道。

## 看到新商機

要看得懂時勢，懂得分析市場，洞悉數據，嗅得商機，彙整出結論，讓數據資料化後大膽假設，因應實驗結果快速轉換策略。這需要不斷地優化和循環判讀，過程中你一定會發現組織中，或資訊資料上、技術上，有困難和斷點，這就是高階主管發揮鏈結並落實實務的價值所在。

當有能力發現和拾起斷點，就是創新與鏈結的開始，新的商機就此展開，而考驗在於如何面對新商機可能帶來的跨界，但這就是落實過往堆疊中所累積的差異化與競爭力的好機會。當走在市場與趨勢的前端時，就可以比別人具備先驅優勢，並早一步擁有更多數據與時間差進行優化。

因為我一直在數位相關領域，數據、行銷、應用、平台、消費者分析、市場預估等等。舉一個拾起斷點的案例：消費者線下購買行為分析與線上消費路徑分析，這裡面牽扯到平台資料、通路資料、追蹤工具、數據庫大小、品項分類判斷、TA分層、深層消費者行為分析……

如何串聯內外資訊和分析消費者三百六十度的消費行為和潛在機會？這才是最難得部分。這當然還有如何從商機再落實成為好的商品與策略的重要歷程可以來討論。

現在的數位媒體、平台、社群的破碎化，跨世代的溝通管道也迥異，如何讓平台、社群、媒體、網紅、影音不重複溝通？又該如何精準溝通？精準溝通TA同時又找到潛在客群？如何增加觸擊率的同時又兼顧品牌形象？如何極大化流量？如何變現？如何確立訂閱制商業策略？這些拾起斷點的過程，都需要有科技和系統處理數據，才能做到「多變一」，也就是將這些多方的破碎數據全面分析整理後，變成一種或多種策略或方針。市場會一直隨著消費者改變，所以AdTech和MarTech一樣重要，當企業主有機會找到這樣整合型的技術團隊來服務是全公司的福音。

當你練就這種發現斷點，和不斷拾起斷點的工夫，並且懂得分析數據和制定策略，滾石不生苔，無限的商機即將來臨，屆時要面對的挑戰反而是如何有效率的提高變現率。

# 解套人生牌組

不管是什麼世代的人，我真的很有感大家都相當辛苦、努力地生活著。台灣很小，資源有限，我們的父母和爺爺奶奶，都是靠自己省吃儉用、努力打拚才能栽培小孩。雖說每個人生來起跑點就不一樣，有的人天生就是擁有比你我多的資源，但我不想用世俗眼光去論所謂「公平」與「不公平」，這些字眼是用自己的視角評論的，但是我們不是那個人，不會知道箇中滋味。

一則二〇二〇年的新聞提到比利時的伊莉莎白公主，是比利時二十年來首位女性君主，以條件來說是世人眼光中的好命女。由於比利時的地理位置是多國交界，所以身為君主的儲備人選，必須從小學習多國語言。十多歲的年紀裡不能使用自己的社交軟體ＦＢ或ＩＧ等等，可以想見她所受的教育與訓練絕對不輕鬆，還必須犧牲很多個人意願與喜好，更不可能像時下年輕人擁有行動自由與言論自由。

所以不必討論公平與否，而出生在哪個家庭也不是你我可以決定的，所以不用心裡不平衡，也不用羨慕別人的人生。但我們可以從「人生」這副牌當中，靠自己不斷累積的學習與智慧，不斷換牌，盡量換成自己認知的好牌。這過程，無須為了「贏」而汲汲營營，好好享受打牌的過程，追求卓越，但凡事不強求。

在這個現代社會，我們太容易被眼睛所看到的「外在物質」蒙蔽。有次聚會，我和一個外國朋友聊天，我問他覺得台灣人如何，他說：「很好啊，都很有友善。」但是他覺得很奇怪，台灣人都用「金錢」來衡量一個人成不成功。

我總是很努力地活著，用手上的牌盡量換牌，想辦法在我的認知裡去打好手裡這副牌，這是我自己覺得最值得驕傲的——我活得很超我，不會為了名利失去真我和做我不願意的事。永遠都要記得，不用在意別人眼光與評價。人們往往對於自己不能理解的事都需要找一個理由來當作結論，這就是言語暴力和八卦的來源。試著待人處世都是看別人優點，才能見賢思齊。不需要一直活在別人的眼光中，也不需要和任何人比較，人生走到終點時，只需要對自己負責即可。

要相信，人一出生，你這個個體就是獨一無二且具有價值，沒有人可以取代，大可昂首闊步、充滿自信並積極地活著，不需要和任何人比，也沒有人可以瞧不起你，所以一定要愛自己，珍惜自己的人生。如果有人愛你，那很好，縱使沒有人愛你，也不要感到孤單，人生中有很多種情感和緣分，沒有一定要某種情愛才是幸福。

# Top to Down 攻略

人生策略應該是 Top to Down 加上即時行動力，不管大事小事，即時行動力往往能帶來經驗的堆疊和額外的收穫。即時行動後，可以多出時間差和反饋，這些時間差就是繼續優化的空間。

相信很多人一定聽過很多前輩或長輩告訴你：「做人要腳踏實地，一步一腳印，不要想一步登天。」一九四〇年代以前出生的社會的確可以用這個觀念，但是道理和諺語都該與時俱進。面對現今社會，我認為人生的策略應該是 Top to Down，企業也是一樣，才能落實市場主導權和預估產業趨勢。

Top to Down 的概念簡單說就是「看到自己最遠、最想要的目標」，如此一來，朝目標邁進時所訂定的策略，才會有方向性且具體化。同時，這個過程也有很多階段性的目標，每個階段就是不同的「Down」，這些階段性目標可以是多元方向且同時並進的。不過這個 Top 的雛型不是一開始就能趨近完整或完全正確，我這裡想傳達的是「方向性」的問題。就以企業的短中長期策略來說，絕對不是在有天要邁向中長期目標時，企業才開始將中長期目標裡的組織、架構全部打掉重來或才開始轉型，一定是一開始即有布局，過程中只會不斷的微調。

如何知道 Top 的雛形？那是視野的積累。

如果你的人生或企業目標，沒有一次看清楚全面性問題，也沒有預估趨勢與未來，都是在做中學，處於被動的狀態，所有策略都在應付現階段的問題和突發狀況，那你的人生或企業就是 Down to Top。

Top to Down 除了以上提及的好處外，最重要是這種策略和布局的具整體性與完整性，當你用這個邏輯來思考人生目標或職涯時，便很容易知道自己人生過程中的方向。人生有困惑時往往是「當下想要如何而造成」，所以當你確立明確終極目標，也就不會有撞牆期和人生盲點。

# 以數據奪回主導權

若沒有「預知」的能力，當你面對結果或問題時，可能反而被結果給制約住，這樣的狀況就是失去主導權。當你沒有主導權時，只能處於被動狀態應付面臨到的狀況，頂多做到兵來將擋、水來土淹，但是無法防患未然和預知風險，甚至是預知商機。

我自己職涯當中的數位數據行銷就是不斷利用大數據預測消費者消費行為模式（Predictive marketing），或預測商機，是具主導權的行銷模式。運用行銷科技和人工智能，用科技數據來預知消費者需求與行為。

為了要使用數據分析預估趨勢，我們要使用很多種方法收集數據，包含用 display 展示型廣告、文章和內容、社群互動等等，所以對照人生來說，每個年齡與職涯階段，應該隨著年齡增長更明白及預知自己要什麼，你可以不斷優化，就像大數據一樣，必須不斷的優化才會精準。

人生也一樣，如何活出自我？當你具有競爭力的時候，是別人來挖角，不是只有你去找工作一條路，被動等待別人通知是否錄取你。

如果具備了創業優勢，是你選擇不去別人的公司打工，而決定自行創業。

傳統的商業模式大部分是被動性質的，由企業主以自己的認知與判斷去發想、做產品設計，這種都是單一面向的等待，看市場滿不滿意這次的商品。但是消費者的消費行為是隨著世代不同而有顯著差異的，市場一直在變化，充滿不確定性，唯有掌握主導性的數據優勢，才有機會讓自己的企業具有先驅優勢，具先驅優勢後才有時間和空間再繼續優化，並持續跟上市場的脈動繼續調整。

其實這和人生的選擇權不謀而合，當你越瞭解市場脈絡與需求趨動的時候，就可以具有主導權掌握自己的人生方向。可若當你一味追逐流行與當下，將不具有先驅優勢，也會錯過高點。

平日培養自己的競爭力，懂得判斷和設定自己要的目標，掌握主導權，這些可以讓你活出自我。任何事能成功都有一個有跡可循的正循環，都有脈絡可循，必須在每個環節之中置入你的數據，就能持續在這正循環中走在尖端。

PART

# —2—

# 蹲低躍高的成長決心

# 順則勤，逆則行

我沒把二〇一〇年的大病當作人生中最大的逆境。心境影響人生行動力，因為我不想白活，所以這十多年來我的人生態度變得更加積極。沒有人可以保證，如果當年因為此癌症過著保守的生活，日後就不會復發。所以我要拿回我人生的主控權，積極正面的想，我能治癒挺過，一定是因為還有很多應該盡的責任未完成。

## 當人生走到創業分叉路

二〇一六年就讀ＥＭＢＡ時的同學和學長姐們，很多都是創業的企業家或二代接班，當然我自己也會反思，為什麼出社會後從來沒想過要創業？我覺得創業很好，但是目標要夠明確和心智要夠強大，以數位生態系來說，因為涉及範疇廣大，要有一群目標一致的專家們，以及天時地利人和才可成事，而且依據不同創業領域和時期，會面臨不同的挑戰。

我把自己四十二歲之前沒創業的原因，歸納出幾個可能。第一份工作離開時，我的年薪已破百萬，外商的福利也很好，家裡也沒有欠債要我扛（說笑），當時網路產業非常熱門又是未來趨勢，而YAHOO!在當時已是數位媒體的龍頭，對當時年輕的我來說，自己就像被養在漂亮鳥籠的金絲雀，年輕時又怎會想自己飛離鳥籠覓食？頂多會想換不同材質和樣式的籠子。

後來發現自己生病了，就沒有往創業這條路走。我瞭解自己光幫別人打工就已是個拚命三郎，實在不敢想像換作自己的事業會多賣命，內心多少還是會擔心身體不堪負荷。

只能說，每個人的路，在不同階段必須幫自己選擇方向和控制速度。

## 沒有絕對的順境或逆境

我不是每次的治療都會開車去和信醫院，有時候我會搭乘捷運再轉乘和信醫院的接駁專車。某天，我如同往常把假髮當帽子戴，但大部分時候我會在假髮上再戴上帽子，因為懶得整理瀏海，瀏海的分線處最容易看出是否為假髮（正向的我不會露出病人貌也還是會重視美觀，因為你呈現的外觀就是你人生的一種態度）。當我從接駁車下車往醫院的路上，迎面走來一個小姐，她拄著枴杖走路，經過我旁邊時她停住腳步，開口問我：「你是病患的家屬還是病人？」我回答：「我是來治療的病人。」她不可置信地看著我，說我的狀態看起來完全不像一個治療中的病人，而且是她看過最漂亮的病人，她接著問我第幾期，我回答她2A。

她微笑告訴我：「只要不是第四期都有希望」，我一時語塞不知道該回什麼，就只說了聲謝謝，並補上一句：「我們一起加油！」看著她緩步離去的背影，對應從書上得知的癌症相關知識，推測她是已遠端轉移到骨頭的第四期病患，所以才拄著枴杖。

即使是還在治療階段，從別人的評論我更加確認我的狀態和心境，我想自己真的沒被病魔打倒。

順和逆的判別全在一念之間，當處在順境的時候，要有感恩的心和居安思危的準備；而當你已經認知面對逆境卻自怨自艾，這也不會為結果加分，又何需浪費時間糾結於不順利、不公平的想法？

世界上的事沒有絕對好壞的判定，因為事件本身如果交錯著時空因素，拉了短中長期的時間軸來看，搭配當時的狀態與心境，一切答案就不一樣了，也許逆不見得是壞事。

舉個我在職場的例子，有個能力很不錯的主管階級同事，公司組織異動有了新的職缺，他非常努力爭取，只是位子是不是他的沒有人知道。如果以一般大眾的認知，他被選上就代表「順」，但是這位子真的好坐嗎？假設市場局勢影響，這位子可能變得沒有他想的這麼好，加上他的小孩正值發育期，他會不會因為工作而喪失與小孩相處的時間？

只是和大家分享，一刀兩刃，有一好沒兩好，事情發展後的結果是順或逆，端看當下的心態判斷，真正的好壞必須拉長時間軸，加上個人狀況的判斷，沒有絕對答案。

相反的，「逆」不見得不好，保持正向心態，正念對待你的人生，就是一輩子轉「逆」為「順」、轉換認知的好方法。對我來說，我喜歡把自己放在「逆」境，那樣才會持續自我成長，但心態永遠是用「順」境看待，持續積極正面。

## 退，再進

二〇二〇年的十一月，我決定離開工作兩年多的萊雅集團。我很喜歡這間很棒的公司，L'Oréal 集團是全球排名前六十名的企業，也是第一大美妝集團，更在二〇一八年獲得獨立組織 CDP（Carbon Disclosure Project，碳揭露專案）的三個 A 級評等，以下是此專案的三項評等項目：氣候保護（Climate Change）、永續水資源管理（Water Security）和對抗森林濫砍（Forests），L' Oréal 全數獲得「A」級評等，這是繼二〇一六年連續三年來獲得的最高肯定，也是唯一連續三年拿到 AAA 獎項的企業。

不僅如此，更在台灣《Cheers》雜誌所調查的「新世代最嚮往企業」榜單中連續十五年上榜，並在二〇二〇年榮獲新世代最嚮往企業的 TOP 46。

這麼棒的公司，為什麼在進去兩年多，在我四十二歲時離開？二〇一八年我加入時剛好四十歲，有機會空降 Corp. CMO 這個位置，橫向管理十七個品牌的數位領域和看整個 FMCG 市場真的非常的棒，這是我做全方位數位十五年後第一個落地的客戶端。我在台灣萊雅的職務橫跨四大消費市場，包含精品、大眾開架、醫學美容、美髮沙龍通路，工作內容涵蓋眾多品牌、全方位數據、全管道通路、全媒體、全市場分析等等，這些都是很棒的經歷，只是我才四十二歲，我想繼續跨領域，繼續鏈結整合。表面上看起來辭去工作是「退」，但我知道這其實是「進」，對我來說這就是正確的選擇。

其實留下來也很好，但是我知道再三年，四十五歲的時候，我不要自己只會做 FMCG，這和我之前和大家分享的理論一樣，論現在都很好，但當你做決定時，看的是未來，問問自己那是不是你要的未來？不是就得跨出去！

提辭呈時我並沒有打帶跑、看好工作，因為我不想畫地自限，也不想從當下的工作分心。

適逢COVID-19的關係，我已一年沒見到老公，離開台灣萊雅集團後，只想先飛法國與他相聚和靜心沉澱，希望可以在休息中靜下來好好選擇下一步。

## 做好準備就有選擇權

平常有準備的人，選擇一直都存在。我所說的準備不是平時一直看別的工作、準備跳槽，而是自己的能力有沒有跟上市場的需求。我不是二或三字頭，因此我特別謹慎，不只看職務抬頭或薪水這些表面的東西，我更加在意的是能貢獻什麼、跨領域成長、和可否鏈結，以及對未來幾年職涯的影響是否正向。

二〇二〇年十一月我離開L'Oréal後，可以有時間和先進或專家交流，大家彼此交流著市場分析和數位產業動態，激發出火花。我和伙伴們共同的理念就是專注於數據平台，全方位數據串聯。數位化的科技世代，我們可以依據產業屬性與品牌商業目標為導向，藉由數據掌握策略、和數據化的系統平台，協助企業進行階段性資源整合，打造屬於自己公司的完整數位和數據生態系。在數位科技的世代，數據的數位足跡就是優勢和基石，如何連接所有消費者數位足跡斷點就是關鍵。

但我要強調，不管數位化世代下企業主要做什麼，這終究是一個科技、行銷、數據、平台間的循環生態系，所有策略會一直在主體布局下因應市場微調。不管哪種產業生態系，要的就是完整性和全方位的視角。所以人生的牌要打好，就是不斷整合手上的牌，而我深耕了十七年數位相關多方位領域，得以鏈結客戶、媒體、ＩＴ、平台等端點。

人生不是短跑，所以是「進」還是「退」，只要問自己，長遠來說你要什麼？如果不知道自己要什麼，就用刪去法，懂得用減法和刪去法，我們有限的人生會更加深刻和精采。

# 正向否定自己的每一天

個性成就一個人，也會因此毀了一個人。以我自己來說，一直以來就是目標導向的人，很容易就像一隻賽馬，確認目標後就一直衝，一頭栽進自己的死胡同。

為了讓自己成長和看更多面向，我一直練習用第三者的眼光，正向否定自己的每一天，藉此探究自我和自我優化。

在這裡我一直鼓勵大家超我、中庸、不強求，但這是心境和心態，和努力追求目標與自我成長不衝突，這是可並行的。雖然我的人生一直在黑白中追求絕對值，沒有灰色，所以一直在否定自己，目的只求給自己一個平衡，因為我知道我的性格弱點就是太好強，而有些人是太慵懶，每個人狀況不同，端看如何取得平衡點。

每個階段都存在真實的自己，所以要讓自己平衡，當追求極致的同時，正向的審視與否定自己，可以適時把你拉回到一個平衡點，也能些微調整方向。

## 你瞭解真實的自己嗎？

當你知道自己是北京的牛（有些人根本不知道自己是牛），有想把自己遷離北京嗎？還是到了北京發現自己其實還是樂於當牛？還是在北京至少還披著別種動物的皮囊？亦或真的徹底改變了？你是否已經找到真正的自我，真的優化了自己的人生？階段性的不斷探索和認識真實自己，是人生命中重要的課題。

我的靈魂和精神層面的狀態大於我的實際年齡，可能是經過生死關頭，可能是我人格特質喜歡自我探索使然，可能是很幸運，周圍很多貴人強人都比我年長優秀，給我當借鏡。

當你的人生段落已經會反思自己認清這些問題時，到這把年齡，人很難改掉跟了自己一輩子的個性，但是你知道修正自己不是有所求，而是讓自己舒心，就會很順其自然地達到無欲則剛的通透境界。無欲則剛的人生，所獲得的東西往往是不可預期和無價的。

## 不知足才能更上層樓

人生就該在知天命之前不斷跌倒，經過歷練的人是幸福、幸運的。

在懂得自然稟賦與天性、這輩子被賦予的道義和職責後，另一個完全不同視角的人生才正要開始。我覺得人生該珍惜擁有，但是要不知足，不知足才是人生的動力，不知足才能督促自己學習並更上層樓。

所以，認真度過每一天，把自己放在至低點去學習，盡可能的虛心吸收，以開放的態度學習與接受挑戰，並在認真務實的打拚過程中，懂得找到切入點洞察資訊，將所有現象反覆鏈結成有用的策略，才有機會達到更高的水位。

人最怕「自以為是」，人不可能天生什麼都會，但是待在舒適圈，久了就真的什麼都不會。如果不去不熟悉的領域，又怎能學會不同領域的事情，進而產生縱橫鏈結的效益？

我從不自豪，因為我不強，但是我很勇敢，一直走不一樣的路。有一句千古名言說得好：「不入虎穴，焉得虎子」，不要怕把自己放在最不熟悉的位置。

## 正向人生練習題

- 人生不要怕階段性的錯置，在錯置的當下看見自己的弱項，讓自己拒絕處在同溫層中取暖，這些都是進步的開端。

●小人也許是貴人，拒絕用自己的視角看世界，別活在自以為的世界。

●世界上沒有理所當然，學會感恩，人人都是貴人，生活中就沒有怨懟。

●人生沒有後悔鍵可以按，讓一個人一直開心樂觀前進的，就是從來不後悔自己的選擇。人如果一直執著和不斷回想過去，「如果當初我……，我就會……」，說穿了就只是假設而已，沒人能保證結果，而且結果是好是壞沒有標準答案。

●人生遇到的所有過程和結果都是好的，只是會因為當下的想法去評判好壞。但是人生不是短跑，結果好與壞不能用當下來評判。無論看待什麼事，過程永遠最重要，只要這麼想，什麼結果看在你眼裡都是好的，你會無所懼。無欲則剛，你可腰桿子打直做自己，人生也就無憾。

●人往往選擇了當下所認知重要的和喜歡的，也會因此付出不同面向的代價，很多事情值不值得不是只看當下，建議你要將時間軸這個因素加進來評估。所以根本不要在乎結果，所謂好壞結果都有背後的刃要承擔，當你正面看待任何結果時，已在創造下一個更好的結果。

● 平衡才是王道。如果你和我一樣是一個閒不下來、又自我要求高的人，你要幫自己踩煞車，知道這世間所有的事都是一刀兩刃，去找尋屬於自己的平衡。如果你是一個常常踩煞車，步調較為平緩的人，建議你可以衝衝看，因為有破壞才有建設，你看過哪間房子只靠加蓋變得很漂亮？都是要先打掉，再重新建設才會漂亮，光拉皮或加蓋絕對不夠。

● 汲汲營營想抓住的東西，其實不一定是你的，也抓不了一輩子。當你懂得掌心朝下懂得放，會得到更多。人生有捨才有得。反之，掌心朝上是等人施予。而施比受更有福，自己才是自己最大的貴人。

● 練習看得遠和事情交錯面，將當下短淺的的心魔囚禁起來。釋放，可以讓自己無欲則剛，韌性更強。你現在執著的當下，早已在瞬間成為過去式，當你懂得看山不是山的時候，周圍都是小花小草，也就不再執著與憤怒，就能更清楚知道自己要什麼與下下步。這能幫你不畫地自限。

● 現今社會必須斜槓，樂於當顆不生苔的滾石。我不是獨占一角穩定扎實駐足的大石，因為滾石更具生存下去的條件。但是值得深思的是心境「靜」的狀態，內心踏實穩當和安靜安心的狀態。我個人過度追求動中求成長的安全感，但是「靜」是另一種反思，這種反思可以讓人沉澱。有這種狀態對於大家都很重要，可以讓我們對生命的體悟更透徹，人生下一步的方向也會更明確。

● 我們可以把自己的外表管理得很年輕，但是經過歲月淬鍊後，你內心深處中那個成熟的「我」會一直喚著你：是否該緩緩自己的腳步？或加緊努力？現在是不是自己的人生轉捩點？人都會有空轉或徬徨的時候，人都不是鐵打的，所以需要緩一緩、靜下來思考。但人活著就是要動，所以不是處於一直停擺狀態，過與不及都不好，端看你本身特質個性，和你的人生所處階段去做調整。人生就是跳恰恰，一前一後，一動一靜。我們一起審視現階段的自己，人生沒有一定要怎麼樣。但是可以因為在這動靜之間的拿捏，讓自己活得更自在無悔。

# 全方位成長的祕徑：ＥＭＢＡ

二〇一六年，那年我三十八歲，處在坐三望四的人生階段，正逢我每三至五年重新審視自己的時間點，並將審視自己的標準變得更加嚴格。所謂的審視，倒也不一定是明確的工作成果或人生里程碑，對我來說更在意的是和自己比，檢視自己人生的歷練與視野有否更加進步。

為何我會起心動念決定報考ＥＭＢＡ？在我的觀念中，人生如果每個階段沒有一個明確目標，沒有即知即行，時間過了就是過了，有一天你回頭看過去時，更不可能有覺得值得回顧的足跡。所以我決定選定一個階段性目標：ＥＭＢＡ。

這個選擇是我評估我在職場打滾幾年後，可以讓我在管理實務上更加成長、更有機會跨產業交流，又可讓視野更寬廣的最佳方案。

## 要選就要選對自己最有幫助的

評估就讀EMBA的學校時，我心裡首選臺灣大學，畢竟是台灣最高學術殿堂，且臺大EMBA屢屢榮獲天下《Cheers》雜誌所做的「3000大企業經理人最想就讀EMBA」調查冠軍。此外，臺大管理學院匯集了國內最優秀的教師，教師群皆畢業於世界名校，而我認為教師的高度就等於課程的深度與廣度，正如我一直相信的道理：人必須站在巨人的肩膀看世界。

在我滿三十八歲時，我的管理經驗年份符合臺大EMBA的申請條件，當時我認為「越早學習，未來可以應用到的時間越多」，所以毫不猶豫在二〇一六年提出了申請。

臺大共有兩種EMBA專班，其一是臺大班，臺大管理學院開全台風氣之先，於一九九七年就成立了「管理學院碩士在職專班（EMBA）」，分別有商學、會計、財金、國企、資管五系所；其二是臺大復旦班，臺大在二〇一〇年因應國際趨勢增辦了「臺大復旦」EMBA

境外專班」。

臺大班，顧名思義，學子在台灣上課，可以選擇自己想拓展與應用的領域去選擇報考的系所；臺大復旦EMBA境外專班，每年只招收一班，一半學生是台灣人，由臺灣大學負責招收，一半學生是大陸人，由復旦大學負責招收。課程的部分，三分之二課程在復旦大學上課，三分之一課程在臺灣大學上課，沒有差別的是兩所都派出各自的菁英師資陣容，復旦大學的教授很多是大陸企業的獨董，具有豐富的實戰經驗和學識，臺大班的師資也是最強陣容。待境外專班修業完畢後，學生會有兩個碩士學位：臺灣大學企管碩士和復旦大學企管碩士。

我最後之所以選擇臺大復旦EMBA境外專班，是因為跨越文化背景可更多元拓展人脈網路，而且還有實務面的企業家論壇和境外學習考察機會，所以我毫不猶豫地選擇報考此境外專班課程。

有人問我，我不是台商也不是企業家為何要去報考這個窄門呢？我一直強調，人必須有差異化的經驗或專長，不是每個人都能輕易擁有愛因斯坦的智商，當大家的智商都差不多時，在社會上比的就是具備差異化條件，以及如何選擇、拓廣未來的道路。

## 蛻變需要決心

選對路要有視野，更要有勇氣。如果我短視的只看對目前職涯有幫助的，我當然可以選擇任何一間大學的ＥＭＢＡ學程，因為說到底，這不過是個學位。但是我要學習的是跨境的視野與跨文化的交流，我們必須正視，中國在全球的競爭力還是不容小覷的，所以在這個班級中每一位企業家的經驗與視角都是我要學習的目標。

我報考的第七屆臺大復旦ＥＭＢＡ境外專班是最多人報考的一屆，之所以最多人報考是因為傳出之後大陸學制改變，那一屆可能是最後一屆，但後來有了折衷辦法，所以這個班別才有辦法延續下去。我既不是二代也不是企業家，更是所有女生當中年紀最小的，幸好我對自己的堅持沒有白費，幸運的考上臺大復旦ＥＭＢＡ境外專班。如果我當初畫地自限，覺得自己考不上，我就不會有這機會，所以我一直覺得做人要「自信不自大」、「謙遜不自卑」，更要相信天生我材必有用，你是唯一的有價值個體，有資格挑戰和擁有任何你想要的東西，很多事即知即行做了再說，沒體驗過，一切都是想像，也不用管結果如何，因為重點在過程的體悟與經歷。

如何將經歷與體悟內化成為屬於你的基石，端看努力與造化。造化不是只有運，更是平日如何待人處世的堆疊成果。

## ROI vs. ROAS

臺大ＥＭＢＡ已成立二十二年，是匯聚各界菁英薈萃的多元學習平台，共累計近四千名來自各行各業的校友，而校友的力量絕對不容小覷。所以如果問我推薦與否和值不值得，我個人覺得非常推薦而且很值得報考。

在這個資訊爆炸和科技日新月異的時代，所有的理論與實務需要不斷的融合與創新，無論是企業家本身或外商高管都必須具備創新、創業精神以及世界觀。EMBA有很多各產業的各國個案教學讓學生參與，以強化理論與實務結合、激發反思。以我的學習經驗來說，這些反思會激發創新，這就是最具價值的前瞻思維。

我從境外專班的學習過程中受益良多，無論是整合進階管理課程或優質同儕的多元背景，都讓高階管理人才擁有兩校頂尖師資、課程、學生及校友網絡，互相切磋學習，培養學生深度思考。現在的各國經濟體都是互相牽動的，這課程讓兩岸菁英可以創造新格局與攀登事業高峰。

我來用ROI vs. ROAS做個比喻吧：

- ROI：Return on Investment，投資報酬率，重點在毛利。

● ROAS：Return on Ad Spending，廣告投資報酬率，也就是廣告每投入一元所獲得的營收占比，重點在營收。

以臺大EMBA的學程來說，縱向的資源是教授們專業授課給予學生的，因為學習的是管理和商務面，所以從工作面向來說，在臺大EMBA學習的時間和學費能否讓你在公司利用這學識晉升職位，或讓自己企業更加茁壯，這就如同ROI投資報酬率。

這是很多人在報考時考慮的關鍵，畢竟出社會後大家都有工作和家庭要兼顧，讀EMBA是很花時間又很花錢的，以臺大復旦EMBA境外專班來說，光學費就可以繳台北小套房的頭期款。當然以我過來人身分我會說很值得，而如果你當初大學讀的是文學院、農學院等等，跨越了領域，更是超值。

以橫向來說，臺大復旦EMBA境外專班就是跨越了台灣和大陸各省分的同學交流，而且不是只有你就讀的年級，透過許多不同團體和組織，可以與不同屆的學長姊交流，而且臺大班也會和臺大復旦EMBA境外專班交流，所以是和全部的校友交流。大家一起參加國外研習營，平日一起聚餐，作業分組一起討論，一起參加社團，一起運動和比賽，甚至可以一起跑戈壁。

說到戈壁，前管理學院郭瑞祥院長就是帶領著大家一起勇闖戈壁的領袖。跑戈壁是一種自我突破，與團體共同成長的心理加生理的挑戰，大家就像一家人，這種情誼和收穫，是終生的，這讓你一輩子的營收呈現正向成長，我把這樣的收穫視為ROAS。營收一定比毛利來的簡單做高，而橫向資源是無窮無盡。

不管是營收還是毛利，就讀臺大復旦EMBA境外專班都讓我覺得物超所值，而當中的價值不能只是用學費來衡量，EMBA最有價值的是你給自己的新視野，以及獲取新視野之後的啟發。

## 年齡是最短的距離

ＥＭＢＡ同學年紀落差非常大，年紀小一點的，三十五至四十歲的也有。但是在ＥＭＢＡ，每個人的價值都不是能用年紀判斷的，年齡不等於心智，更不等於能力，不能用單一面向來衡量年齡的距離或差異，不同年紀的人，可以因為閱歷的不同分享迴異的內容，反而要因為這樣的年齡差距，激發彼此的火花。

就像快時尚品牌ＺＡＲＡ和復古的古著，兩者有各自的價值與魅力，如何穿著快時尚的衣裙搭配古著的復古配件，創造出獨一無二的自我風格，才是學問。

長與少沒有距離，真正的距離是你的心，不管是年長的人看待年輕人，或年輕人看待年長的人，也許彼此會使用不同的習慣用語溝通，不管長或少都有獨特生命體驗和個體價值、跨產業知識，都值得交流與教學相長。

我們的心態影響著人生，你可以選擇當心態很老的年輕人，也可以選擇當年紀很輕的老人，只要記住別被年紀框架住人生、成就、與心境。年齡只代表皮囊被使用了多久，而我們要追尋的事情和年齡無關，所以我積極運動就是不想承認自己的年齡，除了非常膚淺的想保持年輕外表外，我希望一直有年輕人的活力和朝氣，精神奕奕的每一天可以讓人生更精采。

我的自我期許是，一直維持當下年齡加十的心智和減十的樣貌，這一來一往間我就賺到二十年，五十二歲的我，心智成熟，卻擁有三十二歲的外貌與活力。

## 活在趨勢上

ＥＭＢＡ課程需研習約八十篇個案，不同產業背景的學生，透過個案討論，不僅可以擴大視野、領略不同思維，更可經由思辯過程，融合多元知識，產生洞見，進而提升在經營與管理上分析問題與解決問題的能力。

在研習個案時，每個個案能學習到的是判斷點和洞悉力，不是只有看案例裡企業的最終結果。

而有些同學、學長學姐的企業已如日中天，有些企業是新創剛開始，有些是正在面臨企業轉型的過程，有些是二代正在接班傳承，這些都是過程，沒有不斷的優化與進步，跟上趨勢與世代的轉變，都很難定義所謂的成與敗。尤其是e化的現代，競爭是跨國的，和國際情勢與科技趨勢都息息相關。

要維持住高峰和當領頭羊，不管是企業或打工仔，在我的觀念裡，需要對的制度、組織和人才，不斷創新與找出差異化的競爭力，因應趨勢與市場需求，在清楚的核心策略架構下，不斷改變與優化。怎樣算成功不敢說，但是失敗的機率會很低。

## 終身學習

人生學無止境。針對臺大和全國EMBA畢業生，臺大管理學院有了台大E勢洋課程，這又是一種進化的終身學習。

臺大管理學院有鑑於企業主與高階管理者需要具備全球市場及其背後文化脈絡、國際金融、地緣政治等等大趨勢的洞悉力。延續EMBA已學習的技能，近一步培養管理能力與興業精神以外的「進階全球洞察力」。

臺大「E勢洋」是在二〇一〇年開設，提供已取得在職專班碩士學位者一個統整與跨域學習的平臺。我認識的畢業學長和學姊幾乎都有繼續修習這個課程。授課師資堅強，包含郭瑞祥教授、胡星陽院長、謝明慧教授、湯明哲教授等人。

當人處在可以終身學習與交流的平台上，就可以不斷融合多元價值和創新思維。

## 主動創造多元互動

在台灣最高學府，教授和師資是菁英中的菁英，能申請上的學長和學姐都是各產業中的翹楚。

在EMBA裡，常常有很多功課需要討論，或投票決選事宜、活動舉辦，這些都需要取得大家的共識，這些討論與發言的互動過程都是一種藝術。我自己的經驗是「先聆聽各方意見，別急著表達想法」，聆聽不代表沒意見，而是一種群體互動中的尊重，而且聆聽也是一種觀察和學習，也許你會聽到你沒想到的提議或方法。過程的觀察也會讓我更瞭解個體與群體，台語有句諺語說得很好：「知道個性，就好相處。」

人和人的互動，很容易用自己的視角看事情，也容易覺得只有自己的見解是對的。但是既然都已經來讀ＥＭＢＡ了，大家都是社會中的佼佼者，聽聽成功人士的發言與切入點，可以促成更全面性的全方位思考，之後輪到自己發言時，再來發表意見也不遲。而且因為大家來自不同的背景與產業，年紀也有落差，還可以就聽到的意見、方向，再加入自己的觀點。

在職場上、朋友之間或ＥＭＢＡ的任何群體中，也許討論出來的結論不是最好的方案，也可能不是你最滿意的結果，但是只要是所有人通過的，我覺得這就是最圓滿的結果。

適時發言和尊重結果是必須有的禮貌，當然有時也會發現很多人只顧自己說，不聽別人講，這就失去了交流的意義；還有些人過程中不表態但是也不承認結果，這一樣會失去交流的學習機會。

你的主動與被動用在什麼地方，這就是別人看你的觀感。其實組織中不計較的人是最受大家喜愛的，抱持一種凡事都無目的性的參與和付出，真正所獲的才會是自己。

學習就是享受過程、認識新知識以及新朋友，欣然接受別人的意見，發現和自知不足之處，臣服學海與處世學問的無涯，進而懂得如何優化自己的人生。

# 歸零是逆轉的切分點

對凡事要有開放的心態，拋開思想的牢籠和內心的阻礙，才能有所收獲。

在EMBA裡，身邊所有人都是撐起某產業一片天的大人物，我的同學和學長姐都是各產業界的翹楚和菁英，平日所扮演的角色不外乎老闆或高階主管。如果自己的溝通模式和態度一時沒轉過來的話，溝通時會容易產生歧見，無形中就容易有「小團體」產生，雖然因為志氣相投而產生的小團體本身並沒有錯，但是如果因此錯過和其他人交流的機會，那就太可惜了。所以我不斷提醒自己，我就是來和大家交流學習的，不應該有特定群體的行為和思維，不為別的，我要的就是能夠從心底真正跨界和學習，所以我服任何人，他們都是自身領域的佼佼者，絕對有值得學習的地方。

ＥＭＢＡ就是社會的縮影，大家與大企業主交流特別頻繁和熱絡，相信這也無可厚非，大企業主的成功之處確實值得學習，只是在交流的過程中，也看得到每個人有不同手腕或目的，試著把看到的任何風景都盡收眼底，這也是種學習，學習觀察、觀察手腕，敞開心胸並正向就對了。

## 打工仔的交際說

我一符合資格就報考，所以是我們班女生年紀最小的。有的人一畢業就接班家族企業，有可能三十五歲不到就有八年的管理經驗。而我當時背景既非企業家二代，也不是台商或創業家。

記得當初我因為去瑞典出差，沒有參加到臺大對臺大復旦班ＥＭＢＡ的迎新會，所以後來參加上海的復旦大學新生迎新典禮時，非常雀躍地和同學問好，其中有一位同學和我閒聊時，隨口問我怎麼來的，我說和老闆請假來參加的，她又再問：「你不是企業主怎麼可以讀這個班？（臺大復旦EMBA境外專班）」，我剎那間不知道該回什麼，我沒有生氣，只是很詫異為什麼會問這個問題。後來我和那位同學變得非常要好，也知道當時她其實沒有惡意，她的意思是這個班級的學費很貴，她認定我一定是企業家才有辦法來上課，甚至還追問了我年薪多少，只是在外商工作的我不能隨便分享薪水，我知道這是台商與外商的文化落差，也沒有把這放在心上。後來我們總把這件事拿來當笑話一笑置之，她也是我畢業後很常聯絡的同學之一。

在新冠狀病毒肆虐的二〇二〇年，重創了很多產業，我這位不打不相識的同學就是其中一名企業主，她是女中豪傑，掌管鼎運旅遊集團，是台灣旅遊業的龍頭之一，即使業績下滑，為了保住員工生計，寧願自賣房產撐著，也不願意資遣員工，著實令我欽佩。對我來說這就是企業家精神，台灣企業家骨子裡的重情義和大我的格局，是我一直讚許的。

## 歸零的好處

人生中會遇到很多狀況，考驗著你用何種方式、何種心態處理和面對問題。我三十八歲願意花錢和時間成長和學習，可以進臺大復旦ＥＭＢＡ境外專班，我覺得自己很棒。我並沒有帶目的性去與任何人交際或學習，所以可以更加放開心胸正面看待所有過程，而且我覺得自己賺到最多，因為還年輕就考上，當時所學到的，未來可以有更多的應用機會。

不是每所管理學院的ＥＭＢＡ都有這麼多企業主同學，而我的理論就是要把自己放在至低點，才會更虛心學習，當周邊都是成功標竿，才會更見賢思齊。

年輕的時候，可以創造屬於自己的未來，就算有人情冷暖，本來就是社會常態，用正確心態面對一切才是重點，用堅強的心智和正確的心態在社會上待人處事，不需要取暖也不需要追逐。

歸零的心態非常重要，這和我之前舉的例子一樣，原本的房屋加蓋不會比打掉重蓋來的好。不管你是某大企業主或外商高管，拋棄原本的抬頭和強項甚為重要，你要來學習的就是非你強項、非你產業所長，如果沒有拋下抬頭和光環，和別人交流的過程中，彼此不會舒服，而且也容易畫地自限。如果你要光環，就應該留在自己的領域才對。

建議也不要直覺性的覺得自己和哪些產業才有關聯，或與哪些人才值得交流，很多事不是從表面就能看清楚。我遇過那種會私邀飯局並挑選對象吃飯的人，一開始就自限格局。而產業的應用也不會只有傳統的方式，任何人事物的交錯都有無限的可能，端看如何發掘和應用，這才是成熟人的智慧，人生和股票一樣，不能只看短線操作。如果你正好看了我的分享，期許有一天可以因為這些切入點，得以創造無限可能的學習生涯。

# PART

# – 3 –

# 職場真工夫

# 數位縱橫心法

數位的範疇非常的廣闊，包含數位行銷、數位經濟、數位轉型、數位科技等等，這本書無法全部涉略到和細說。而企業有否數位化，包含很多面向可以參考：數位投資、數據應用、資訊安全、數位創新、數位人才等等面向。而數位化和數位轉型是兩件事情。大部分存在的誤解包含：在做電商就是數位轉型、有下網路廣告就是數據應用……這次分享的範疇偏向數位行銷與數據應用多一些。系統面的建置要依據不同公司需求與屬性才能一一討論。

從鏈結到形成網絡，公司內部有必須鏈結的內部網絡，消費者端也有消費者線上與線下行為的消費網絡，品牌對通路管道端也有線上、線下的通路平台網絡，e化的世界也有互聯網串連著。這些網絡單獨拆分來看不複雜，但當他們互相交錯應用時，橫跨不同目標，再加上行銷策略期程等等，一門複雜的數位行銷學問就此而生。

## 乘上數位＋數據浪潮

極致個人化、科技體驗、對話式商務、數據分析、流量變現、社交商務等等，都是現今數位行銷世界裡很夯的話題與趨勢。COVID-19 加速全球市場與數位科技間的相互影響，改變社會與經濟的型態。

不斷改變的是市場和理論，像是 Traditional Marketing（傳統行銷）→ Digital Marketing（數位行銷）：4Ps → 8Ps（產品 Product、價格 Price、管道 Place、促銷 Promotion、人 People、流程 Process、有形展示 Physical evidence、生產力 Productivity）。

這幾年也多了很多新的角色與職稱，如 Chief Marketing Officer（首席營銷官，又稱 CMO）、Chief Growth Officer（首席增長官，又稱 CGO）、Director of Customer

Experience（客戶體驗總監）、Chief Customer Officer（客戶長，又稱ＣＣＯ）、Chief Crisis Officer（首席危機官，又稱ＣＣＯ）、Chief Explore Officer（首席探勘官，又稱ＣＥＯ）。這代表了現代企業正在因應趨勢而轉型，同時需要有不同形態和專長的人才、組織型態。

以我待過的一間外商經驗來說，我的頭銜是Corp. ＣＭＯ，也就是首席營銷官或數位長，公司內部有明確的Ｒ&Ｒ（Role and Responsibility，角色與責任），但因為我具備數位背景，所以我認為自己可以貢獻給公司的是我的差異化價值，包含了善用大數據和各方資料發現洞見；依據不同世代ＴＡ，創造全方位消費者體驗與使用經驗；再善用市場數據和消費者反饋，去做分析和整體規劃。以上我所舉例的不是只有分析與策略，而是短中長期的追蹤，依據數據和市場的變動，一再循環的實驗與分析，並傾聽客戶和市場的聲音，不斷優化。

所以我將大數據與數位行銷結合，重點放在資訊剖析上，發揮各方數據的資訊優勢，挖掘機會點。以客服部門為例，原本設計來被動性服務客戶，但我將其歸類成客戶可能的需求，這也是種需求預測並增加銷售管道。

## 數據預估＋市場的的需求驅動＋科技驅動＝消費性企業再創高峰

客戶價值與數據導向是最有價值的指標，高管要做的就是超前佈署，如果公司內部沒有全方位數位轉型人才做多樣性的決策和系統化洞悉數據，就需要聘請專業顧問團隊或全方位數位的科技數據顧問公司，提供系統服務或數據技術對接等等的數位相關服務。

數據分析後的應用太廣泛，可以和品牌有關，可以和產品有關，可以和行銷策略有關，當你的數位投資到達一定水平，數據的堆疊與多方數據資料應用，將是未來決勝點。

## Ｉ世代的誕生

這是一個自媒體時代，同時也彰顯出Ｘ、Ｙ、Ｚ世代的差異，這差異包含了思想、行為，而生於一九九五年後的世代，因為生長過程中網路的使用與發展已經普及和蓬勃，因此有些學者稱這個世代為「I世代」微網紅和奈米網紅的影響力也不容小覷，I代表多重含意，一指「網路」（internet），也有指「個人」（individual）的意思。以二〇二〇年來說，網紅行銷當道，各種social commerce因應而生。數位行銷世代下的網紅數量達數千人，高的驚人。而企業主如何衡量效益？

這是個年輕人自我意識抬頭加上資訊透明的年代，人人都是KOC（key opinion consumer），顧客反饋成了品牌方針，所以比的是品牌如何守住品牌核心價值，卻還可兼顧消費者需求。

現在消費者有太多媒介與形式可以參與評價與分享，數位化的優勢就是具即時性、跨區域和可數據化，同時帶動消費者整體行為的改變，大家可以透過任何社群平台即時評價與分享，甚至是即時購買與即時取貨。

所以在數據為王的時代，即時性也是關鍵，消費者沒有耐心，而商家必須搶下商機。目標是要做到即時性分析、即時性數據等等。

## 數位化時代引領縱橫思考

現代數位科技以各種硬體、軟體形式圍繞著你我的生活，即使只是外送餐點服務App，也會依據我們過去的訂購歷史給我們推播相關訊息，這還只是數據的基本運用，有太多不同平台間的數據堆疊，讓商業模式在消費端的應用可以更加個人化呈現，這就是Centricity（中心化）、People base marketing（以人為本的行銷）、MEcosystem（客製化的生態系統）。縱、橫的鏈結都要考慮到整個市場狀況與未來趨勢。

我用自己的例子來說明縱橫鏈結，並分享共通法則：多變一、一變多的循環（全方位數位行銷），多平台＋多媒體＋多數據＝分析洞察結果產出策略，不妨利用這一策略再去多元繼續優化多平台和數據。

● 對內：縱＋橫

縱向深耕公司目前的重點部門與方向，例如：Consumer Intelligence 部門、O2O 策略、Social commerce 方向。

橫向整合各品牌和各部門需求與機會點，例如 Pure Players MOU、Media JBPs、Manage KOLs／KOCs tool、Cross brands data mapping。

● 對外：橫向

鏈結三至四方合作夥伴的結合優勢，將通路、平台、媒體、產品的數據與資源交互鏈結，例如整合不同數據方的資料，利用 Second／Third Party data 來分析機會點，創造出有價值的 pilot。

## ●整體

CI（Consumer Intelligence）

MI（Market Estimate）

External Data + Internal Data

＋ AI ＝ 預測市場

AI：人工智能（arti：ficial intelligence）的應用範疇很廣。這邊指的是利用人工智能與比對資料來優化結果的演算方式。

用以上方法來預估市場主動出擊，取代傳統被動等待市場需求與變化，也不再以過去個人經驗法則預測。主動出擊和商業嗅覺、洞悉數據有極大關連，仰賴的是職涯上不斷的縱橫鏈結成多方面向和多元網絡的應用。成功的數位策略是Digital Dynamic + Consumer Dynamic / MarTech + AdTech / Research + Consumer Intellience + Market Estimate / Data Exchange，架構出整個Digital Ecosystem。不管這系統是否在你的公司內部，而Data應用就是王道。

# 數位轉型新戰略

5G的盛行、頻寬的增加、智慧型手機的普及，更多影音的資訊讓消費者的購買決策時間縮短，方便取得（Easy Access）也會影響消費最終購買平台，在這樣的環境中，異業合作要比「結合速度快的機會點」，或「集團型企業鏈結分公司」，並整合資源成就完整生態系的好機會。呈樹枝狀的網絡生態系，考驗著企業本身要如何轉型成一條龍式服務，包含金流、物流、倉儲等等，而轉型成一條龍服務的一大好處，就是有更多面向的數據資料可以分析。

**轉型已是必然**

以我自己做過FMCG裡的美妝保養美髮十七個品牌來說，台灣每年有超過一千個新化妝品品牌出現在市場，而這些品牌很多側重於價格戰，我常問，這樣的衝擊與競爭，對不同世代的消費者來說，他們對品牌價值的認知差異在哪？品牌端如何運用不同的數位媒體，用不同方式，去溝通不同的TA？如何讓整個O2O、Mobile commerce更順暢？內部要如何一條龍？是否自操？

以外在市場狀況來說，依照台灣每年GDP只有成長二至三％，產業應該成長多少才符合經濟現況？台灣人口老化開快車，二〇三四年全國有一半人口都屬於中高齡、超過五十歲，那麼為何大家還在討論Y、Z、I世代？不要忘記，橘色世代（五十歲以上族群）也是重點TA。

因為現今資訊的發達，萬物破碎化，媒體、平台、消費者行為、KOL／KOC、通路、Rating、Buzz、Content、App、Chatbot commerce等等，都讓我們不得不從全通路和跨平台出發進行規劃。市場TA的破碎已是不爭的事實。

二〇二〇年全球更因為 COVID-19 疫情的爆發，蔓延至今，整個市場的情況讓企業投入數位的腳步更是刻不容緩。

我常常和企業主交流，包含一些組織團體，例如：La French Tech Taiwan、台復新創會、Adm、DMA、AMT、Insider 等等，有很多契機可以一起發掘機會點。因應不同產業和型態的企業，每每交流都有新的經驗知識堆疊，因此不斷鏈結成新的視角與切入點，都是未來的職涯養分。

現代的商業生態系無法和八〇年代以前比擬，就算企業沒有想轉型創新，也需要與時俱進優化，太多外在與內在原因需要企業再進化，已不能用當年認知判斷的二分法定義。

所謂的二分法分成：企業實現本體結構的優化，導致企業必須轉型；或外在環境的變化，導致企業必須做出調整。多項變因讓企業轉型更具挑戰，例如：e 化環境、e 媒體、e 平台、e 化世代、大數據、AR、VR、AI 等等，所以在如此更加複雜和破碎的狀況下，企業轉型或數位化也變得更具挑戰性。

結合數位 e 化和科技的新趨勢因應而生的例子有：跨境電商、O2O、M-commerce、VR online exhibition、VR online shopping、precision Advertising（利用消費者行為數據，投遞精準需求的廣告資訊）、Data Driven Decision making……。

跨境電商讓企業主從線上銷售到全球，不用到當地設分公司或工廠；O2O 讓消費者可以任意從線上到線下，依據不同的需求選擇不同的購物模式；M-commerce 是因為智慧手機和 4G、5G 的普及讓手機購物日趨成長；VR online exhibition 虛擬線上展覽，可以讓更多人無國界參展；VR online shopping，從虛擬試裝到線上賞屋都是實際應用範疇；Precision advertising 藉由數據堆疊，讓消費者與廣告主的互動更精準密切。

這些策略雖然不是企業轉型或數位化的全貌，卻是面對未來趨勢不可忽略的，在在和現代消費者息息相關，對企業主來說更可以開源拓展業務或洞察新商機來源。

## 數位化和數位轉型案例

整個數位生態系的範疇極廣，一些高瞻遠矚的大型企業內部已有數位單位，有些企業主則需要專業的數位科技顧問公司，整合性的全方位輔導，處理MarTech、AdTech、研究、數位媒體投放、分段式的策略性規劃、數據堆疊應用、產業報表分析等等，要能整合這些，最重要是找到具專業數位技術背景的公司，才能利用平台有效整合所有數據作長遠應用。

以企業本體來說，企業轉型或數位化過程包含重整經營方向和策略、符合趨勢的運營模式及其相對應的組織型態、資源重新配置、創立子公司將服務完整化、培養或挖掘數位人才、數位科技應用、數位投資等等。以下一些心得是我服務過的公司或我當顧問時碰到過的案例：

## 案例一

目前很多公司的組織模式為一個集團共用財務部和人力資源部，各個子公司有自己主要事業體的運作團隊，遇到客戶有多項服務需求的時候，就可以橫向整合子公司資源和子公司的產品服務，共同服務客戶，完成一條龍式的服務來取得案子。以這樣的企業體來說，成敗與否有很多因素，關鍵在於：是不是整個集團看一個 P&L（Profit and Loss Statement，損益表），不同 P&L 會影響能否調動得到資源和子公司能否盡力共同合作。

## 案例二

還有些企業的狀況是：老闆想轉型卻沒有真正換顆腦袋。因應不同的產業與挑戰，有不同的短中長期策略，當企業主是在某種模式下成功的，如果沒有找專業經理人讓內部融合與創新改造，很難完全跳脫舊有的模式與思維，其中包括新商機和新舊組織融合與用人模式等等。

## 案例三

另外一種狀況是：企業主忽視了數位化和轉型的艱鉅與時間性，短期獲利模式不難，但是長期運營模式的多元化與創新，包含數據堆疊應用、過程不斷優化配套、發現問題再整合、預估趨勢……才是挑戰。轉型（Transformation）大師拉里．博西迪和拉姆．查蘭（Larry Bossidy & RamCharan）曾說：「現在，到了我們徹底改變企業思維的時候了，要麼轉型，要麼破產。」

企業如何優化自己企業的策略分析、數據，藉以預測商機和評估轉型風險等等，都是轉型關鍵。有種企業的轉型是不斷利用併購，彌補闕漏並增加競爭力，這也是種轉型模式，但是過程的評估和DD（Due Diligence，盡職調查）的環節都是關鍵，併購成功後，兩邊或多邊的整合也是關鍵，整合包含了產品、人力、對外形象與宣傳等等。

企業主在數位化或轉型過程當中不會想變成多頭馬車，例如，數位投資問題，像是多家服務廠商和多位窗口，這些都可能造成成效分析的困難或產生數據斷點。所以企業轉型或數位化成為多元化的公司型態，是分散風險與全面性服務消費者的好方法，成功與否其中重要因素是數位化或轉型過程有沒有搶先發現機會點和商機趨勢、抓到產品定位、顧及轉型短中長期策略、配合市場趨勢在做中學一直修正、面面俱到的先將風險降低、找到對的新形態人才輔助轉型……。

企業數位化或轉型必須要深刻剖析和全面分析，才能將我上述列的關鍵點再作優先順序和加強某些面向。數位化過程很像股票投資，你要有短期獲利的投資才能有本錢繼續玩，但是也要有長期的投資，就如同企業長期策略布局和轉型戰略，在非風險性投資中，長期獲利，利用能夠掌握的全方位數據，當作分析立基點，仍是關鍵點之一。

公司企業最重要的資產就是人才。這幾年很流行企業數位化或轉型，所以不可忽視人才數位領域提升與再教育的重要性。企業都想要改變業務和行銷的模式（線上線下一起進攻，面對市場機制的多變）；或公司企業本身的內部部門想導入大數據與數位化。企業轉型的課題還是要以個體狀況與產業屬性全面性探討。

## 突破數位化或轉型過程的盲點

數位化過程最重要的還是掌握數據，但是工程師的技術投資隔行如隔山，並不容易。而公司內部人才要跟上這樣的轉型過程，甚為重要的就是：各階層的教育訓練，一起學習新思維、新趨勢、新作法、新媒體、新市場……。

不同產業和不同公司規模，牽扯到的數位化過程轉型模式都不同，我就不贅述，但是共同會遇到的問題往往是「新舊員工與組織文化的衝擊」。

創新與轉型一定會有新的部門，或新的人才引進，亦或在既有的部門中，挖角業界人才，來當既有組織中的中階或高階主管。

狀況一：新成立的部門，重點在新BU（Business Unit，事業單位）和既有的各BU間的實務規劃和組織分工。

狀況二：既有BU，新主管空降或新職務的新員工報到，重點在R&R、彙報管道等。

以一個大型集團來說，BU是一個公司的單位，BU Head相當於一般公司的總經理；BG（Business Group，事業群）管幾個BU端看公司規模，BU負責產品的行銷、廣告等等，而BG層級不實際負責產品，統一控管財務、倉儲、人資，直接對總公司會報。

外商BU Head是相當於中小企業的總經理，平行單位還有其他行政單位總經理、CMO，所以當集團有新BU時，整個組織規畫將影響轉型與創新的進度與成敗。並不是有新部門和挖角創新人才就是創新或轉型，公司必須有全面性轉型與創新的策略，加上完整的組織架構，和前中後期的轉型排程，其中關鍵資源運用、團隊文化重塑、大小決策一致性，新舊團隊融合……以上種種都到位，才能跟上轉型的步調，又不和既有組織結構和發展策略形成衝突。

企業發展和轉型時的定位很重要，定位策略可以很多元性，企業數位轉型時的定位策略必須參照過去基礎來擬定，其中利益定位、應用定位、服務定位與數位轉型較有關連，需要因時制宜，但是企業最忌諱轉型過程中混淆定位，包含商品定位、通路平台定位、服務定位……。企業多元性則需要靠數據的分析，包含市場分析、產業分析、輿情監控分析、預估市場分析、消費者行為分析……，再來定位企業如何多元性發展或發展比重的分配。

## 一變多，多變一

在這個資訊爆炸的年代，任何事的視角和思維都是多元化的。人生的過程中有很多條道路，多元化的歷練過程都是人生道路的養分。過程的養分裡創新是最重要的元素。我所認知的創新，視當時外界狀況和手上的牌，做最適當的鏈結與優化。市場的變化速度不允許個人或企業單一化，但是就整體策略和環節上來說，不管人或企業，都是多元鏈結和多樣學習優化後，最終確定出主發展項目和主要策略。

人要經過職涯歷程的淬鍊和自我成長，最終才能確定目標。而企業從產品定位、品牌定位、企業定位三者的關係層次上來看，企業定位要經歷的過程：產品、品牌、企業定位三者一體化到三者分離，都是有這樣的歷程轉換。

這是一個不間斷的循環，只是在這個循環裡，觸角要如何選擇和衍生、延伸。過程中一定會有很多破碎的斷點，這些斷點可能是既有的，有些是你鏈結執行中發生的。所以這種多元和不斷的鏈結優化循環正是我所謂的：變「多」變「一」的過程。

現代企業不只面臨以上企業本身問題，還要因應大環境趨勢而做出數位化或轉型。以數據來預測市場和掌握主導權優勢，行銷全世界是現今數位化市場下的優勢。所以我在二〇二〇年Q4決定離開前公司後，這段休息期間讓我有了時間反思這個數位化循環的問題，我開始策畫並和專家夥伴們一起構思，決定利用數位科技平台來整合、解決這個數位生態系的問題，訂定出解決方案，有效服務需要的企業主。

數據是我一直提到的王道，而數據的應用與資訊安全是息息相關的重要議題。二〇一八年和二〇二〇年分別上線GDPR（General Data Protection Regulation）和CCPA（California Consumer Privacy Act）法規，這影響了IP、Cookie、數位足跡等等的數據應用。

這當然是保護消費者隱私非常重要的法規，對企業主也是好事，企業可以開始更重視自己的會員資料庫和對外數據的串聯。而數位顯學：CDP（customer data platform）就扮演重要角色之一。

數據是門因應企業主不同需求和不同產業，搭配應用的大學問，必須視案例討論。

我可以提醒大家的是數據，還是要有幾大準則有意義：必須是即時性的（Real-time）、有價值的（Valuation）、乾淨的（Data cleaning）、巨量化（Volume）、多樣性（Variety）、數據流動（Data Flows）等等。

如何有效協助大企業安全使用數據並有效應用，並兼顧消費者個資，就是我未來想實現的事情。

數字經濟與數據流動已是勢不可擋趨勢。

# 台商外商都好

不管你今天工作的公司在台商或外商，擁有創業家精神的工作態度是無往不利的。在職場上你不一定會創業，但是一定要擁有創業家的精神和態度（Entrepreneurship）。彼得．杜拉克（Peter Drucker）曾說：「創業精神是一種行為，而非人格特質，他們藉著創新，把改變看作是開創另一事業或服務的大好機會。」

以我自身的工作經驗，我待過台商、美商、法商，就文化、組織、人才養成、福利等各個面向來說，三間公司型態大不相同。

台商與外商最大不同可分成四個部分：工作節奏、教育訓練、薪資福利、企業文化。

## 工作節奏

大型外商集團為了培養具高度競爭力與富有彈性的高階人才，外商企業的事業部總經理與亞太區高階主管常常是每隔幾年就輪調一次，因此高管們會較注重自己任內的即時性成果。

在外商，想推動任何事物要有「跨部門共同利益」，或「有效率的明確績效」、「可作國際分享的案例（showcase）」。外商還是非常數字導向的，P&L 和 Scorecard 最重要，年度報告中預估市場和規劃未來三年至五年策略是基本盤。

以我待過的美商來說，每年會有三百六十度的考績考核，N－1、peer（同部門或跨部門同事）、N＋1（直屬上司）都會有人寫對你的反饋。每年的年度考核一定會篩選出總分最低的員工，檢討不適任原因或淘汰。

所以在工作節奏方面會有差異，外商通常在三至六個月就可以判斷員工是否適任，再加上外商每個月檢討數字與每季重新審核預算等等，無形中會推著員工前進，步調上與台灣企業的差異相當顯著。

## 教育訓練

外商會規劃很多線上或線下教育訓練，線上是以自主訓練和基本訓練為主，線下的教育訓練就會根據部門受眾做不同層級的課程規劃。

以我服務過的法商來說，HR部門非常專業且獨立運作，當時我的角色是CMO（Chief Marketing Officer），我們常常必須合作將亞太區或總部的方針、新資訊或新工具系統落地到台灣。同時，培育人才和降低離職率也是降低公司成本的重要環節，我們相信，人才是公司最重要的資產，應該花精力在投資「人」的培育上。

好的領袖都是後天培養而成的，切勿小看公司沒有留住人，或把人才放錯位置而要付出的代價。

## 企業文化

企業文化的差異牽扯的層面很廣泛，包含公司本身產業屬性、公司成立年分、集團內部相關的合作方式等等。對新人來說，適應公司文化是最難的環節。

文化說來抽象，但其實不外乎溝通方式、開會準則、報告模式、如何擬定策略、從什麼角度看市場、認知人才的標準、跨部門的合作模式、與在地企業的溝通及合作模式等等。

以我自身經驗，只要記住「停、看、聽」就夠了。我通常給自己三個月適應公司文化，這段期間常笑稱自己是「張開全身毛細孔呼吸」，用全身去感受上述公司裡裡外外的大小細節。

從我待過的台商（還是要看公司規模和產業屬性，不能一言以蔽之）觀察到的，我發現台商老闆真的很重情重義，像是即使面對不是那麼適任的人，公司上層也會回想當年的革命情感，即便知道這個人現階段不適任，也不會輕易資遣員工，對台商來說，待得久的員工就像是公司的忠誠元老一樣。

## 把價值發揮到最大才是關鍵

不管從台商轉換到外商，或從外商轉換跑道到台商，都是很好的職場訓練養分。不需要太執著公司和職稱，那只是一串文字，要著重的是自己付出什麼給公司，同時得到公司所給予的。

前面我以打工仔的身份分享我在來自不同國家的企業內，學習到的不同東西，以及個人職涯見解，但那都只是我的經驗。在什麼樣的企業工作、有什麼差異並沒有絕對答案，還是得回到你在公司的職位、抬頭、公司屬性和經營階段，施以不同作法。

以我在某間台商公司的工作經驗來說，我的抬頭是總經理（感謝創辦人邱先生的賞識與提拔），那間公司是台灣數位媒體圈第一個拿到Facebook台灣代理權的公司。我在加入此台商前的公司是美商，以打工仔來說，就是要把我之前累積的經驗和差異化的價值，因地制宜的發揮出來。當我就職三個月，在比較瞭解公司後，我和創辦人溝通完，才決定了我的短中長期計畫。

我印象很深刻的是，當時我必須要挖角具外商經驗的中高階主管來這間新創公司，並不是當時公司內部的員工不優秀，而是企業在不同階段需要不同背景和專長的人才加入，讓大湖再起漣漪，以企業長期經營要具備競爭力來看，必須要不斷有活水注入。除了新的活水人才的招募，當然還有發現商機：找出新產業，新媒體等等新產品的面向。

外商具有跨國的資源、福利、光環等等，我只能動之以情、說之以理，加上分析優劣、善用人脈牌持續挖角。

我持續應用和彙整先前在美商及其他企業服務的經驗，將自己的價值帶到這間新創公司，並替公司帶來實質幫助。

# 檯面之下

在一家公司裡面，檯面上的事都是R&R，當初應徵進來公司時，用人的職位描述都是在講檯面上的事，實際工作後，舉凡看得見的事和檯面上的事情都不該成為困擾與目標。我們要看的是可以讓檯面上的事更順暢更有效率的「檯面下的事」，我稱之為「微觀大做」。魔鬼藏在細節裡，做任何事都有訣竅，如果你只做公司給你的任務而畫地自限，等同於做小了自己。所以如果你和直屬上司有一樣的認知，記住凡事要先微觀後大作。

## 看懂檯面下的運作模式

新加入一個組織時，通常主管會希望你的加入帶來新氣象，但是小心不要躁進行事，否則還沒見到成效就一片混亂。這還算是檯面上的期望，而你要聰明地觀察檯面下的運作模式再行動，你必須「看得懂」每件事應該考慮到哪些方面才會成功，有些時候不是一味的努力就能成功、受到肯定，檯面上看到的事實不會是全貌。

我自己的解決之道是，找到對所有人都好的共同利益點後一一鏈結；或降低有害的那端，將傷害減到最低。如果你所屬單位是非主導權的單位（台企稱作幕僚），為達成目標和兼顧公司方針，漂亮做球和以退為進也是一門藝術。

職場上，檯面上大家因為各自立場不同而有衝突，但那都是短暫的，而且是因為各司其職才有這樣的狀況；檯面下，大家都還是好同事，別忘記工作只是一時，做人才是一輩子。有這基本的認知，你根本不會動氣傷身，還可以更目標導向的做到就事論事、公正處理。

看不清這點的人，總是會在職場找取暖的對象，透過找到共同敵人而成為好朋友。但這在職場很不好，因為大家會覺得沒有公信力。我常開玩笑說，為何要當誰的人馬？好好的人不當，要去當人「馬」這種生物？

## 影響力永遠大於領導力

團體中，影響力永遠最為重要。不是每個人都適合當主管，但是每個人可以發揮自己最大的正向影響力。

如果你是管理者，真正的領導力不是管理力而是影響力。用管理力只能管理你的N－1，如果你去管理N－2、N－3，你會影響到N－1管理，而且變成團隊成長的瓶頸，你的N－1成長空間也會受限。但是如果可以發揮影響力，這是軟性管理中最有效果的感染力擴散，也不會和組織中的 report line（呈報關係）抵觸。

職場上很多人常常把周圍的人當作競爭對手，怕別人表現贏了自己，怕別人把自己比下去，但這些都會讓你失焦和畫地自限，導致成天只和這些人比較。以我個人來說，我只和前一秒的自己比。

此外，也不要和下屬搶功勞，不要讓自己成為公司成長的障礙。你的人生還不到終點，你會轉換跑道，也會一直成長，現在旁邊的人根本不是未來的對手，大家都是過客，當下的一切是路過的風景，你要看重的是未來式。而且如果旁邊的人都很強，反而要開心，因為他們強，你才會鞭策自己要更強，更何況天生我材必有用，有什麼好比的？

更不需要怕你的下屬比你厲害，你的下屬一定是單點式的專業夠厲害你才會聘任他，應該不是因為他很乖或你的人馬吧？如果他只能做馬，那反而是你的責任，為何沒有調整他的職務或把他放在對的位置發揮專長？主管的重點不是微型管理或自己撿著做，而是在對的時間，放對的人在對的位置上，不斷發掘人才為公司所用，過程中幫助員工規劃未來職涯，謀策短中長期的布局，替公司和下屬還有自己創造極大化和整合的效益。

# 持續堆疊競爭力

從抗癌後復出職場這十年，我每每轉換職涯，都不是因為負面原因離開。每轉換一個跑道，我都是為了讓自己在沒有偏離主要產業狀況下，能有機會補足自己領域周邊不同面向的經驗與能力，進而成為該領域全方位的要角。

## 看著未來那個光點

轉職時，以我自己來說，我從來不去有很多前同事的公司當作下一個目標，因為當環境和人都一樣時，會讓人因為熟悉而難以跳脫出自己習慣的工作軌跡和思考面向，而且對人也很容易有刻板印象而難有新的火花產生。

離開現有工作，前往下一份工作，就是探索新職場未知性的最好時刻，你可塑造全新的自己和創造未來無限的可能性。人都是具有爆發性和潛力的，而這絕對無法在熟悉安逸的領域可以激發出來，當你沒有把自己放在不同領域和環境，就很難有突破或有新發想。

我的認知是「人活著就要衝」，不要怕跌倒，有傷口和滿身是血時，才會再生全新的肌膚，而那新生肌膚將比你原有的更加光滑、透亮。越晚明白這道理，隨著年紀增長，你會越害怕放棄現有的去挑戰未來。當你看到這本書的時候，就是我又選擇放棄的時候，又要去尋找未定型前、無限可能的自己。我現在四十二歲，要創造未來更多屬於我的無限可能。不過記得是你選擇放棄，不是不得不放棄，你才有資格說「放棄」。

回想這十多年一路走來，我間接聽到或直接感受到，有些人覺得我是運氣好，職涯才能順遂。但對我而言，任何事能夠成功，一定要天時、地利、人和，絕不是三言兩語就可以斷定一個人的成功原因。我只能說我不需要解釋，但是我清楚自己在做差異化的每一步，才可以在四十二歲時擁有豐富和精采的人生歷練。未來我會選擇全面性整合和串聯所有資源與能力，持續創造自己所待企業的差異化來面對客戶的需求與市場的變動。

我很幸運，職涯領域圍繞著Digital（數位），同時也以這為核心選擇下一個戰場，所以我的工作曾經涵蓋了以下範疇：OMO（online merge offline or offline merge online）、E-commerce（電子商務）、M-commerce（行動商務）、Data application（數據應用）、Market estimate（市場評估）、Consumer intelligence（客戶智能）、CRM（Consumer Relationship Management，客戶關係經營）、Paid & Owned & Earned media（付費廣告、自媒體、口碑）、Social commerce（社群商務）、Influencer marketing（影響力行銷）、AI（人工智慧），AR & VR（擴增實境與虛擬實境），SEO & SEM（搜尋引擎最佳化與搜尋引擎行銷）、Develop distributor（發展經銷商）、Content solution（內容解決方案）、IT（資訊科技）、Digital Marketing（數位行銷）、TV shopping（電視購物）等等。

簡而言之，我的工作歷程都是圍繞在MarTech（Marketing Technology）和AdTech（Advertising Technology），所以很多企業想數位化或轉型時，我都可以將堆疊的跨領域實戰經驗一起貢獻，依照當時企業的需求與未方向，做縱或橫向的整合與鏈結。

## 打工人生必學縱橫之術

什麼動力讓我在十七年的職場生涯中願意一直放棄當下擁有，不斷選擇跨領域範疇？我一直告訴自己：打工仔前期在職涯上，必須「看山不是山，看水不是水」，不要被眼前景物蒙蔽了。

四十二歲以前是打工人生，我給自己更明確的打工準則，我的核心觀念：

- 縱軸：創造該領域中自我價值的深度與差異化
- 橫軸：不斷鏈結和整合相關周邊產業屬性的資源與專業能力

我用這個角度去看待及選擇下一份工作和未來職涯走向，以我的例子來說，每個工作從到職那天到那份工作二至三年時，我都會邊思考自己的接下來五年，這期間，每天都會觀察大環境、市場和產業動態。

每份工作對我而言，如果只看當下其實都很好，但是我知道自己還沒接近退休或定型，未來還有很多「可能性」。以任職的數位產業屬性來說，我不斷追尋的是，自己要具有符合市場變化後的競爭力，所以會需要相關週邊不同技能的堆疊，才可以讓我的未來更具競爭力。就算有一天和他人合夥創業，這些扎實的跨領域經驗，也才可以全方位發揮。

所以，在轉換跑道前，我會想這份工作對我三年後有沒有加分？三年後只會這個東西我滿足嗎？這就是我過了四十五歲要走的明確方向嗎？

## 三年後的自己要的是什麼？

看山不是山，看水不是水。這是從我的職場經驗中歸納出的職場法則與心得，在職涯選擇和職場應用上，這個心態很重要。當然選擇繼續深耕穩定也很好，端看個性做出屬於自己無悔的選擇。

很多我帶過的人，大家都像朋友一般，就算我是他的Ｎ＋３（往上加三個階級），都會請教我關於他的職涯與下一步該怎麼走，希望聽聽我的意見。

我的回答很簡單，最重要的是，問問自己三年後要得到的是什麼？而不是你現在要什麼。如果多了這份經驗，和你的世代相比，可以為個人帶來什麼差異化價值？多了這份經驗，以後可以多一個橫向整合的機會點嗎？或幫你開拓不一樣的領域與專業？亦或可以為你原本的專業注入差異化應用？

你要看的不是只有眼前的抬頭、職稱、和薪水多寡。如果可以，請選擇該產業的龍頭或事業領導標竿企業，同事和主管會影響你的高度，當你投入那個領域時將自身墊高，才可以看得更遠、學得更多。

但是我必須說，每每轉職要能捨下是真的不容易，畢竟你已打拚過也熟悉了，人要離開舒適圈而去不確定的領域是需要勇氣的。所以在決定下個目標後，你要非常專注和努力才會有所收穫，人生有捨，才會有得。

## 在職，該做些什麼？

看山不是山，看水不是水，不是只適用於轉換跑道、職涯發展，日常工作上也適用。你的N＋1（直屬上司）交代的事情或你的工作職責，就只是「山」或「水」。我想闡述的是，職場上的R&R都是基本功，你領公司的薪水，做好份內事那是本分，所謂的R&R是你在通過面試後就該具備的基本能力。

但是如果可以有整體性的策略或方案，做出更周全的全套及配套措施，把原本表面的任務極大化和優化它，把有原本只是山或水的事情，做成整個山水循環系統，如此反覆訓練，可以帶給你未來在做整合資源與跨部門溝通上極大的幫助。也是和同事之間日漸拉出差異、距離的訓練方法。

我常和曾經帶過的人分享，要練習有N＋1的頭腦思維，但是，確實做好現階段的R&R，並且練習整合的工夫；必須擁有N－1（下屬）的同理心。如此一來，就會成長的很快。

此外，要學習、鍛鍊、精進自己變成卓越的主管，這是第一步，繼而期望自己精進成為一名優秀領導者，這是第二步。主管不見得是領導者。而職場上的重點在於隨時切換思考並以結果為導向，心境心態轉換了，一切職場大小事都將迎刃而解。

## 試著換個視角

常常有一些聰明的人和我說他無法和笨蛋或能力不好的人共事，因而感到很困擾或沒辦法待在那個部門，我也常常聽到抱怨公司業績難做等等的負面情緒。

我的觀點是，如果你旁邊的人比你優秀聰明，請問你的勝出點是什麼？公司業績難做所以才需要你，如果這間公司的營業模式可以讓人自己上網登錄購買，就沒有你這一碗飯了。很多事情端看我們怎麼看待，就算看到某一面向的他不聰明，也不代表他弱，對方一定有比自己厲害的地方。一個好的組員或主管都要用不同視角和切點去和同事共處，或善用他的優點，讓組織捉長補短，發揮全面性戰力。

舉個例子來說，有一份市場調查報告，如果都只讀別人做好的總結，那就只是中規中矩的結果感想，並非內化資訊後，加上你對未來市場觀察後的洞察。看了數據加上經驗值的視角和市場動態值，這才是一份完整報告或未來策略。這才是發揮你差異化的價值與自我成長的一種挑戰。

人事物的互動在在牽扯你我的視角與切點，同理心與換位思考是最好的工具，好的視角切點讓人生心態永遠正向；正向的切點和視角讓你在正循環中找到新的契機或機會點；多方的視角訓練你的整合力，而整合力還會讓你有新視野。

拒絕用自己的視角看世界，別活在自以為的世界，你將看得更深、更廣、更遠。

# 新官上任SLD要訣

新官上任最忌諱的是，在還沒搞清楚狀況之前，就用過去成功經驗到處放火。對我來說，所有的策略與方針都需要鋪陳而不是單刀直入，而且還得分階段性進行。

你必須得到團隊認同，進而讓整個組織一起動起來才有意義。我在適應和融入新環境後，會優先補足當下欠缺的環節，而不是急著改變。所以我剛到任後，優先想做的是「建設」，簡單說可以分成ＳＬＤ三個階段：「Sharing」（分享）、「Leverage」（鏈結）、「Differentiation」（差異化）。

## 分享

藉由各種不同會議、教育訓練或team building活動，管理階層創造場合與機會，鼓勵團隊分享。我每次都會事先訂定不同的排程與主題，像是有時分享的內容是公司未來要驅動的方向，藉機耳濡目染影響團隊。分享更可以替講者創造榮譽感，以及讓員工有機會教學相長、更上層樓。

團隊中最需要的是向心力和跨部門的溝通，讓運作順暢，最怕的就是原地打轉和內耗。「分享」對組織和員工的好處是可以從不同面向瞭解各產業的市場狀況和趨勢，而這分享不設限在AE、AM、PM或哪種角色，這是一種跨角色、跨產業的交流。所以也有跨領域、新訊息的分享，這也是內部員工未來想轉換角色時很好的訊息來源。假如有些員工未來想多元發展，也可以知道別的領域的專業知識，藉此讓員工明白每個角色都很重要，以及團隊裡不可本位主義。

分享不是只有來自團隊之間的交流，我自己也常常利用大型會議分享市場的全貌，用不同視角來分享資訊，並在他們分享後給予建議與總結，帶給團隊共榮的氛圍，給大家一起成長和交流的機會。

分享也是種整合性的溝通與團隊默契的培養。縱使台企和外商的組織架構不同（外商：直線管理、虛線管理、國外分區橫向管理），但不管台企或外商，都可以好好利用分享創造和諧與成長。

## 鏈結

企業本身即存在核心價值與優勢，以一個新人來說，剛剛加入組織時不需要急著外求與擴張，以我的經驗來說，管理階的重點在於鏈結組織中「人」、「部門」、「合作夥伴」，以求極大化效益。新到任後，應該以你過去的經驗所堆疊的視角來發現可以鏈結的點和方式，將斷點做串聯，因為這些串聯說不定又可發現新的切入點與新機會。

不同產業和不同企業規模不可相提並論，必須因應大環境上、中、下游相關產業的互相影響和企業本身的目標與狀態，而資源整合和斷點鏈結是企業戰略不斷調整的手段。

我之所以先強調鏈結而不是整合，原因是鏈結會穩定人心，讓大家覺得增加關聯度與資源共享。整合的手段會偏向去中間化，幫員工找出痛點和解決斷點是穩定人心最好的辦法，不要忘記，人才是企業中非常重要的核心之一，但如何留住人才不是只靠公司品牌與福利，更重要的是幫助員工解決日常工作執行層面的斷點。

管理階要有宏觀但不能管太寬；要有遠見但也要接地氣。

沒有人天生就會扮演這些角色，很少有天生的領導者，極少有人一變成主管就明白掌握如何當一位好的基層主管、中階主管、高層主管。上述都是我從職涯過程中自己不斷觀察與學習，不斷將學習到的資訊去做鏈結。鏈結的能力就是要靠不斷發現新的視角與實戰經驗，不斷的堆疊後才能擁有的判斷力。

內部的鏈結組織：「人」、「部門」、「合作夥伴」三者之間的關係更為重要。「產品」與「客戶服務」是第二步，因為內部必須先內整，才能解決外部市場的需求。

## 差異化

發掘並鏈結公司內部的資源就能凸顯公司在業界的差異化。由內而外，在中段和後段時期的差異化則是對外業務項目與區隔市場，企業一開始做的項目一定要隨著市場需求不斷微調或增減項目。

如果在外商的組織架構下，策略及手段要有所調整，像是產品在當地的落地需要總部的評估與市場規模試算，Test & Learn 的即時性沒有台灣企業快，因為有可能今年的預算凍結了人事成本。

所以，當你空降到新公司的時候，自身的差異化價值貢獻，都必須先停看聽，因時、地制宜，隨時邊彈性調整，且由內而外的進行，這才會是最保本的轉型。任何轉型都是關乎整間公司和團隊加上市場變化，不是一個人的頭腦在轉就是轉型。

# PART

# —4—

# 錯置人生

# 亮起的警示燈

二〇一〇年三月我從服務將近五年的雅虎奇摩（YAHOO!）離開，轉戰電視購物。當時的雅虎奇摩是網路媒體中獨大的入口網站，只要你有使用電腦，設定YAHOO!為首頁的比例高達九〇%以上。

從二十多歲就已經站在當時數位媒體的巨人肩膀上看業界，當我想轉換跑道實現自我挑戰，實在沒有理由轉戰去當時在台灣還沒有崛起的其他網路媒體公司。當時如果留下來繼續深耕也很好，那是一間非常好的公司，一直培育著很多數位人才。但我的觀念是，以個人長遠職涯來看，當時繼續留下來會讓自己很恐慌，覺得自己只有單一專長，好像只能在大公司的羽翼下才能生存，我極度害怕這種感覺。

想清楚看明白後，我決定勇敢的去一個完全沒人脈和陌生的電視購物，開創第二職涯。

## 闖進電視購物圈

當時電視購物非常蓬勃，同時也是媒體的一環，這個產業同時掌握通路平台與媒體。多了這個不同的媒體加上通路平台經驗，這個職涯過程一定會豐富人生經歷，並讓我成為一個全方位的媒體人。

我是個目標導向型的人，即知即行，所以在分析利害得失與當時市場和業界狀況後，覺得很有前瞻性，就勇往直前的衝了。

當時的電視購物有森森，ｍｏｍｏ，ＶＩＶＡ，我透過人脈，各自約了飯局，收集各方資料，深入瞭解電視購物這個行業的狀況，知悉各家不同屬性、不同的經營風格與會員樣貌，當然也包括了部門間的互動與職場文化。接著再評估自己在數位媒體服務過的產業屬性與人脈，打量自己去面試時的優勢與劣勢、文化契合度與自己特質是否是他們想要的。以這產業來說我是個百分之百素人，但當時只覺得自己的人生想要的東西只許到手，不許失手。我總是給自己這種莫名其妙的壓力。

最後我選了森森電視購物奮力一搏，除了因為是新開台外，我覺得新公司對員工來說較齊頭式平等，公司文化的塑形也沒有那麼快，產業線應該也沒那麼多老鳥卡著好線，對我這個新人加素人來說，應該是最公平的起跑點。我從來不怕辛苦打拚，只怕沒有公平的起跑點。回想起當年的自己，真的天真爛漫單純得很可愛，而神總是眷顧有努力的人，我過關斬將以新人之姿順利地進去了電視購物的圈子。

## 全身緊繃的工作

因為是陌生的環境和產業，我「張開全身的毛細孔呼吸」，放棄了在數位媒體熬了五年的成果，來到千挑萬選的這裡，絕不能容許自己出了什麼岔子。

和以前熟悉的領域裡相比，平時和廠商議價談判、與同事互動我更加謙卑與更多微笑，因為我知道好人緣才能換得部門合作順利。我是一個非常敏銳敏感的人，對於人性互動和整個大環境的氛圍，我可以很快掌握狀況並適應任何環境。擁有這樣特質的我得失心很重，活在無時無刻都很緊繃的狀態，現在回想起來，或許就是因為這樣的個性導致當時身體不堪負荷。

剛到職的三個月內，我一直都是溫和微笑待人，並摸熟環境。我很清楚自己不是富二代也沒有背景靠山，所以每每在新環境或給自己目標時，真的是每個細節都仔細琢磨過，不想白白浪費付出工作的時間，每天一早八點上班，直到接近凌晨才回家。

在這個很多攝影棚、充滿電視購物主持人、製作人的地方，每天都要盡可能讓自己保持在最佳狀態，外表也不能隨便，因為我知道，當同事和一個像我這樣的素人菜鳥開製播會議時，別人要怎麼一眼看出你有本事？就算你有專業知識，開會洽談時，大家會更喜歡和一個外表光鮮亮麗的人溝通商品資源與銷售方針，大家也才更有信心會銷售成功。

這三個月有如三年的日子，我確實給了自己不少壓力。

## 不再執著選另一半的預設條件

因為一直很緊繃，有一次聚餐我太放鬆喝得很醉，散場的時候，聽到一群女性同事嚷嚷著：「你只可以給林○○送回去」，而這位林先生後來成為我二○一○年結婚的老公。

這位一路護送我回家的林先生，扶著我時只敢抓衣袖，當時的我已酩酊大醉，他仍然如紳士一般。雖然喝醉，但我頭腦仍算清醒，眼前這個人不是我會想交往的類型，但同時內心出現問號，我問了自己，是否一直自以為是，用狹隘的膚淺視角挑選對象。

經過那次林先生的「護醉漢行動」後，我便決定給自己一個機會，不再自以為是的判斷與分析看待愛情。很快的我們開始約會，交往了三個月後，七月我們就決定結婚。

我們安排九月二十八日訂婚，十月一日拍婚紗照，十月二十七日結婚。現在想想，人生不衝動、不昏頭還真的無法下定決心馬上結婚。我很開心給了自己機會和他開始這段關係。人生就是這麼有趣，當初轉戰電視購物是為了開拓職涯廣度鏈結全媒體，結果神的安排卻是讓我結識了我老公。

## 人生不是童話故事

在三十二歲的適婚年齡，我找到屬於我的真命天子。但是人生不是童話故事，在十月一日拍完婚紗當天晚上，我們在準備好的新房打鬧嬉戲的同時，我摸到了硬塊。

我和未婚夫雖然很震驚，但是也覺得不可能是我們想的那樣，當天是週五，我們討論下週一去醫院一趟，先不需要自己嚇自己，而且我那麼年輕。

週一一早我隨便找了家附近的醫院做檢查，心想反正醫生待會一定會告訴我那是良性腫瘤，畢竟閃婚的我可是有很多事要做，婚紗、髮妝、請帖、宴席、和婚禮顧問開會等等，哪有時間在醫院耗。

替我看診的是位年紀較長的醫生，經過一番診察後，他馬上決定現場粗針穿刺，穿刺完，他口頭喃喃的說他破例，當天親自去樓下幫我看報告，因為他判斷是惡性腫瘤，他想要馬上替我確認。

因為他的幫忙，我沒有折騰很多時間往返醫院等報告，短短一個小時內，我就被宣判得了癌症。五雷轟頂大概就是當時的感覺，我大腦喪失能力接收任何訊息，當他說明未來可能的治療過程時，我只跟醫生說我馬上要結婚了，怎麼辦？他回說穿婚紗會被看見人工血管，接著說明未來的檢查跟療程，但是我根本沒有聽進去。

身體完全僵硬，思緒極度混亂，我面無表情地走出醫院，直覺地拿起手機撥給我未婚夫，講了一堆連我自己都聽不懂的話，因為我的淚水潰堤，一邊哭一邊說話。

在電話中，我查覺到這男人完全沒有一絲一毫想悔婚的意思，他只是認真說著接下來要如何做，盡可能地安撫我。

據文獻說明，一公分大小的腫瘤，細胞數約有十億個，而我的腫瘤約三・五公分大。

# 既來之，則安之

我大概用了三天時間恢復冷靜，終於又可以思考，並接受了這個事實。在外商公司一路以來的訓練與洗禮下，我本能的瞭解接下來該做的事就是「正向積極解決問題」，消極和悲傷改變不了已發生的事實。

第一步，我開始尋找適合的醫師以及決定治療的醫院，我看遍國內外所有的癌症醫學書籍和網路資料，同時也配合醫院做進一步細針穿刺，並開始和未來的主治醫生討論治療方向。

相信專業固然重要，但身體是自己的，我們有權利和有義務瞭解自己的狀況與病情，才能不慌張不害怕對抗病魔並完成治療。我一直相信，任何事都不該一開始自己嚇自己或未戰先舉白旗，以人類心理學來說，我們如果可以屏除無知、恐懼、拖延，處事應對就可以更加積極。

# 我的另類人生

我被告知罹癌時其實喜帖已經全部發出了，婚禮訂於十月二十七日舉行。雖然要面對突如其來的病痛，但我的未婚夫不離不棄的陪伴在我身邊，我們決定要如期舉行婚禮。

十月三日得知噩耗，但是我要在十月二十七日舉行婚禮，別人婚前一個月應該是勤做SPA保養，享受好姊妹辦的告別單身派對，以及一心一意準備當美美的新娘。而我的人生卻如此戲劇化，中間二十三天都在跑醫院。

既然都泡在醫院，我也都忙著準備接下來的療程。與醫生討論著治療過程時，他問我們是否趁化療之前先凍卵，因為有五分之一的患者會因為經歷了化療，月經不會再來。我本能地問先生意見，因為我只想顧好現在，專心對抗病魔，當下完全沒心情想以後和想小孩。

我老公不假思索對醫生說凍卵不重要，現在應該專心治療，因為他知道凍卵過程很辛苦，還要打賀爾蒙排卵，接著他回頭對我說：「不要想太多，先專心治療，以後有否小孩交給神就好。」我心想，眼前的人真的有翅膀，神給了我天使，我的世界似乎變得沒那麼灰暗（除了眼前這位天使，身邊還有很多天使，父母、公婆、乾媽、朋友們等等，他們在我生病期間捐款祈求，照顧我、給我力量）。

曾經我的生命裡因為得知罹癌變得黯淡灰暗，但人生就是這麼有趣，當一扇窗被關上，老天爺就會開另一扇門。我也始終相信個性影響命運，並堅信明天會更好。

接下來是一年的治療過程，順序是先開刀拿掉腫瘤，切除病灶，再化療預防遠端癌細胞轉移，最後局部放療預防局部轉移。這個「抗癌全餐」無論細胞好壞全先殺光，還會讓身體不斷變虛弱，需要堅強意志與充分的心理建設走過治療全程。

## 奇蹟起於正念循環

治療過程中，因為化療是把藥劑打入身體，所以毒素會不斷累積，指甲甲面開始變黑色，頭髮也會掉，但我告訴自己這都只是暫時的，要相信自己，我們的韌性遠比想像中強大，什麼事都會過去，只要努力向前看。

在選擇治療醫院過程中，同時也做了細針穿刺，某醫院權威醫生也讓我照了CT（電腦斷層掃描），醫生從報告中判斷癌細胞已轉移，而轉移這指標對於癌症患者是較為負面的指標之一。

當時的我沒有因此更沮喪，因為我知道還沒動刀前，誰也說不準，就算真的轉移了，還是一樣要積極治療，我必須告訴自己情況不會更糟了。

最後我決定去和信治癌醫院治療，因為在諮詢過程中，該醫院醫生團隊相當專業，且醫院本身專門治療癌症，有著更精準的數據與治癌經驗。可能是職業病使然，我一直相信大數據，挑選醫院與醫師也是一樣，幸好我遇到的醫生和團隊都是醫德醫術兼備。

術前檢查項目中，最後在前哨淋巴結切片時，報告顯示癌細胞並沒有轉移，醫生也告訴我，我的腫瘤類型是「三陰性」，這種類型癌症不適用標靶治療，癒後觀察期十年，而我身上這顆腫瘤約三・五公分。說實話，在我閱讀很多癌症資訊後，我知道這些資訊都不是正向指標，但是我真的秉持「正向思考」、「樂觀面對」、「積極治療」、「絕不沮喪」的信念。

過去所有醫學文獻的數據就是參考而已，我要相信自己是單一個體、單一案例，那些參考值和我這個個案無關，所以治療結果不一定是悲觀的。

最後確認開刀時間安排在我舉行完婚禮、度完蜜月的十一月進行。開刀的那天我微笑著被推進去手術房，雖然手術房真的超冷，而且內心不免忐忑不安，但是擔心不會讓結果加分，表現害怕只會讓自己和家人更緊張，而且癌症本來就需要長期抗戰，手術只是切除病灶，這還只是抗癌的開端。

被推出手術房，全身麻藥未退，在恢復室等待時，我全身上下只有眼球可以動，這也是我第一次體會到植物人般的感受，說實話那真的讓人很恐慌，幸好有個天使般的護士溫柔地告訴我，確認癌細胞沒有轉移而且手術很成功，頓時帶給我的內心一股暖流，我對她流露出了如釋重負、發自內心深處的微笑。

我是被權威名醫判斷癌細胞已轉移的病患，結果三．五公分的腫瘤卻無轉移，可以說是神蹟！根據研究指出一公分腫瘤有十億顆癌細胞，當時如果我沒正向面對癌症，我相信絕對不會有奇蹟，因為我早就被三十五億顆癌細胞嚇死

二〇二〇年是我抗癌癒後第十年，已經過了當初醫生說的癒後觀察期限。

## 為自己的長處自豪

我這一生中沒有什麼好自豪的，唯獨我用正向積極的態度，過了這十年充實的人生，這讓我很自豪！

這是一段不容易、需要不斷轉念並持續正向的十年。一方面要保持積極正向的態度，一方

面要謹慎注意生活作息。我懷抱著一半樂觀一半悲觀的心態，因為如果完全樂觀，在追蹤觀察的這十年裡，萬一被告知轉移復發，一定會承受不起；相對的，也不能什麼事都害怕，活著像個病人一般走不出癌症陰影。

因為沒有轉移就沒有拿掉淋巴，所以沒有腫脹問題。局部切除的傷口很小，當年很年輕，復原得很快，於是馬不停蹄開始了為期六次的化療。

化療藥劑從我鎖骨旁的人工血管打進去，因為治療的藥會將細胞全殺死，每次療程會導致昏睡、疲累和各種不舒服，而我也做足了功課和準備，自費吃最新的止吐藥，買了細胞黏膜修復的營養品、高蛋白等等。我還是要強調，當你正確的認識疾病和做好萬全準備，疾病就不可怕。

打藥進去後頭髮漸漸脫落，我分兩次處理讓自己感覺落差沒那麼大，化療前先剪了男生般帥氣的五分頭造型，還拍照留念，第一次化療後再剃光，一樣拍照留念，紀念我的堅強史。說實話，哪個女生有機會光頭？不拍照紀念一下太可惜了。沒有了頭髮，很多人會選擇購買假髮佩戴，幸好我本來就很愛漂亮，所以我有各式假髮，根本不用另外買。另外化療後我的指甲漸漸變黑色的（因為化療藥物的毒副反應），我還打趣和我老公說，這好像古代后宮嬪妃被下毒喔！

每次化療躺在診間等點滴藥劑打完時，我就會用手機自拍恭賀自己又過了一關，看著照片中戴著長假髮的自己，還有戴著帽子，我真的不覺得自己是病人，甚至還在過年時安排和家人去香港玩樂，打工仔趁年輕就是拚拚拚，哪有時間放連續的長假，就把治療當度假囉！

中間六次化療的確有幾次較辛苦不舒服，但是我還是會逼迫自己運動，因為這樣對骨髓造血是有幫助的，所以化療期間我沒有被「退貨」（意指血液的指數不適合繼續打化療針劑）過，紅血球和白血球種種數值都沒問題，順利如排期的時間完成化療。

最後的放療是三十二次的照射，先透過醫生精準定位，目的是避開內臟器官減少不必要的傷害，畢竟被照射到的臟器會纖維化，這是不可逆的，再開始照射療程。即使醫生努力避開臟器，我還是有被照射到局部的肺臟，所以肺部有一點點纖維化。放療期間要非常小心不要摩擦到照射處，而且照射過的地方會呈焦黑貌，當年即便已完成治療，將近兩年過後皮膚表層才沒有呈現焦黑色。

為期將近一年的全套治療完成後，醫院問我人工血管要留著嗎？因為很多病患怕自己復發所以不想拆除人工血管，免得要進開刀房再裝一次。當時我毫不猶豫地秒回：「我要拆」，我告訴自己我已復原，不會再用到它。

題外話，當我確定要開始療程前，我問主治醫生：「為何安裝人工血管要和取出腫瘤的手術分開？我怕痛也不想進手術房那麼多次，有機會一次搞定嗎？」陳主治醫師幽默風趣回答我，因為他是副院長，所以他可以指派裝人工血管的負責醫生，在外科手術結束後進去幫忙順便裝好人工血管，等於買一送一的概念，他還說我很幸運，我當場很開心的笑了：「真的！我賺到了！謝謝陳副院長。」

所以，當我要拆除人工血管被推進手術室時，我才知道安裝或拆除人工血管只需局部麻醉。醫療團隊可能看我年輕也活潑外向，或想讓我轉移注意力不害怕，一直和我聊天，問我拔除人工血管後是否要離職，或變賣財產直接隱居，一連串問題像是問卷一般，而我也不假思索的回答他們：「我不會離職，而且人活著就是要動，不上班也沒人能保證不會復發啊。」有在聊天時間過超快，我還提醒醫療團隊不要只顧和我聊天，萬一動作延遲麻藥退了我很怕痛的，最後縫合電燒時，因為位置在左邊鎖骨旁很靠近我的臉，我還聞到烤肉的味道，就是平常烤豬肉、羊肉的味道，一模一樣。

抗癌的過程，正確的認知和心理素質很重要，一路走來我沒有自怨自艾，我持續把自己當正常人過日子。

# 毀後重生

生病這個人生信號讓我徹底重生，那段時間還常常告訴自己，沒有很多人和我一樣有機會「重生」，所以我要更加珍惜這個機會。身體被全部破壞後等著休養重建，而內心也在思考要如何善用神賦予的新生？要怎麼過接下來的人生？

這個人生的大信號來得又急又猛，而我也快刀斬亂麻的積極處理，還給我的「人身」一副健康的皮囊。這一年的全套治療讓我整個人煥然一新，不但頭髮全部重長、變得更細，身體的皮膚也因為放療脫皮了好幾次，彷彿動物一般脫皮換殼。我把這個信號視為一個提醒，因為我的「人身」破壞後重建，促使我必須重新審視「人生」定位與方向。

很多人都說癌症和壓力息息相關，從我閱讀到的資訊，我不否認這兩者有相關。好幾次我問醫生問題，醫生都以為我有醫學相關背景，甚至覺得我是醫護人員。其實這只是個性使然，我做什麼事都會全力以赴做到極致，或許也因為這樣，我的壓力一直給身體造成負擔卻不自知。

身體是我的，我認為必須知道自己的所有相關症狀，瞭解身體免疫循環系統和知識，再搭配醫生的專業治療才會效果加倍，這樣不僅自己不會慌，醫生也會覺得你有「sense」，診療過程還可以互相正向積極討論療程和未來可能碰到的狀況與問題。

如果你自己或是周圍友人是重症，不要慌，鼓勵自己鼓勵他人，正向循環的力量會給你和病友勇氣力量。而奇蹟始於正念與求生意志。因為生病，讓我很確定人一定要有健康的身體，周圍的人才會幸福，你也才能有機會擁有完美的人生。

## 健康的定義

古人說：「病發於微。」加上現在科技的知識，我們必須知道遺傳基因是很大的致病因子，任何事件的產生不會只有單一因素，生病也是一樣，不良作息、不當飲食、不運動、過度壓力都會對健康的身體產生很大的負作用。

健康包含了心理與生理層面，身心靈都必須維持平衡狀態。以我自己的例子來說，工作上常習慣靠自己找到方案解決問題，因為太過目標導向和太過好強，一直讓身體處於高壓狀態而不自知。但其實身體的壓力訊號可以自我觀察，也可以靠預防醫學的檢查進而發掘，並不是長期習慣自己狀態，就覺得一切沒有問題。如果知道自己家族有遺傳癌症的因子，後天生活作息就要更加注意。

## 釋放的反饋

抗癌的過程讓我深深體會到運動的重要性，所以我開始親身力行，並閱讀書籍鑽研運動。所謂的運動，要達到一定的心跳頻率，並連續在一定的時間內完成，這被稱為有氧運動，可以增強心肺功能和加速新陳代謝；另一種無氧運動則需要仰賴重量訓練，訓練肌肉耐力，以及瑜珈和皮拉提斯等等，可以訓練柔軟度、呼吸和體位。任何一種運動類型都很重要，以我自己的心得是缺一不可。

當人有肌耐力時，肌肉才有力量持續進行其他運動。很多女生以為自己不需要重量訓練，怕練出一塊塊肌肉很醜，但其實真的多想了，要長出肌肉很難，要看到一塊塊肌肉更難，基本上要把體脂率降到夠低，外加上正確訓練方法，以及重訓練習的重量也要夠並持續練習，才有可能長出肌肉。

## 運動之於人生

運動和人生一樣，也需要磨練心性，任何一件事要成功非一蹴可幾，必須有正確的知識和注意到每個細節。所以這幾年我認真鑽研飲食和運動，保持著健康年輕的體態和外貌，讓自己更有活力。只要看到自己時，不覺得自己是那個年紀，就不會被自己的年紀框限住。

重量訓練（無氧運動）就是讓軀幹或四肢負重，在正確的姿勢下練習，慢慢增加負重。為了挑戰自己練習重量訓練時，所訓練的部位會因此出力，背負重量會產生激素加快糖原消耗，促進新陳代謝，同時間肌肉的充血感會出現，訓練當中肌肉出現極度疲感，可是只要再堅持一下就會有意想不到的效果和提升，這過程正是一種自我挑戰和突破。

重量訓練還可以預防骨質疏鬆，當身體由有力量的肌肉組成時，可讓其他肌肉不會產生代償作用，平日姿勢就不會不良，類似彎腰駝背。

與無氧運動不同，有氧運動可以消耗熱量，對心肺功能有助益，但有氧運動無法增加肌肉量，得與重量訓練相輔相成。一般現代人的飲食習慣，碳水化合物至少占五〇％，所以肝醣的存量是夠多的，所以有氧運動最好持續至少二十分鐘以上，才算有效。

持續的有氧運動和人生一樣，需要靠毅力堅持下去。當你做過重量訓練有能力負重，正如同人生有能力抗壓時，人生還需要毅力持續走下去。但這都還不夠，為什麼有些人可以走得較順心如意？因為他們掌握到技巧，運動也是一樣，不光光是重訓和有氧，還要搭配瑜珈。瑜伽可以修身養性，讓人打從心理層面放鬆，練習呼吸與體位。

重訓是人生中的抗壓訓練，有氧訓練有如支撐著你正向一直走下去的毅力，而瑜珈就是人生中需要掌握的技巧。

運動和人生一樣，越排斥的東西代表那個環節越弱，所以越是要克服它，因為終究遲早都會面對到的。以我而言，因為我筋骨很緊，所以非常排斥瑜珈，很多動作我根本做不到，而且瑜珈較靜態不適合活潑的我。但是我要超越自己，一直以來我工作的步調是快的，在練習瑜珈的過程中，讓我身心靈平靜，因為專注所以領略到自己的初心。

因為面對了自己的弱項反而認識了不同的自己，現在我最熱愛的運動就是空中瑜珈，需要強大的核心肌群才能撐在空中和布上，要維持某個姿勢，肌肉群必須夠有力才能支撐。很多動作必須穿梭在布裡面完成，每每在遇到這些姿勢的轉換時，我都覺得空中瑜珈真的像極了人生一連串複雜的際遇，而自己要如何迎刃而解去面對和完成？一旦完成後，那個成就感，還有走出那些結的感覺，真是棒極了！

最令我印象深刻的是倒掛著身體的動作，只有腰間有布支撐，其餘四肢都必須放鬆和放手，手掌心朝上。這個動作挑戰身體的肌耐力，倒掛著身體違反人體工學，加上內心很害怕，一不小心有可能倒栽蔥折到頸椎。此外，這個動作更加挑戰我的心魔。在人生中，人們都會想掌握任何事情，因為掌握讓人有安全感和滿足操控慾。年輕時的我更自以為是羅導，要我放手有如登天難。

到掛著的那一刻，我除了相信專業教練，也相信自己做得到，而且我必須要自我突破，我想克服心魔並超越自己。幾經嘗試後，我做到了，我瞬間體會到「放手」的美好，並且釋放了我的心靈與心魔。

人生手掌朝下想緊抓是人之常情，但是其實人生不會盡人意，不一定什麼都抓得到，一旦一心只想抓住，就會落入汲汲營營而失去自我。而且手掌朝下抓著的頂多就是那五指能抓到的東西，但是敢放手並手掌朝上，能得到和領略的將是無限多。

人們容易依照自己的喜好而接受或排斥新事物，而我的親身經驗就是，只要對身體好，在專業指導下、安全範圍內，先「認真」並「開始」做，就對了。沒有藉口也不需要理由，很多人之所以沒動力和持續力，是因為還沒「意識到」和「體驗到」運動的好處，一旦開始做、認真做和正確做，甜美的果實即將到來，後來根本不需要逼迫自己運動，自然而然的就會愛上運動，並且看到自己的改變，從緊實度、體態到皮膚變亮更有光澤。我最佳的狀態是一五九公分，四十六公斤，體脂肪一六％，而且軀幹和四肢的肌肉量都在標準之上（當時的我四十一歲）。

# 加減的學問

當初治療完成後，我一度問自己，該繼續汲汲營營的追求事業，還是應該放緩腳步全部重來，找個沒壓力的工作？

回想過往的個性就是太過好強，多多少少伴隨著壓力與壓抑，活在這個現代的商業社會，我們的感官無時無刻都浸潤在這個大千世界，尤其在這個被物化的世界，人很容易被光鮮亮麗的物質迷惑而迷失自我，卻忽略身邊真正重要的人事物。到頭來也不懂自己真正追尋的到底是什麼，根本不瞭解自己內在真正的需求，所以現代人才很容易感到空虛和茫然。

所謂的需求，是生活上的必要需求？還是被物質奴役後的需求？什麼是初心和真我的需求？

自從得到這生命的「信號」後，我常常反思此問題，試著領略和傾聽自己內心的聲音，我也一直在找尋自己「真正」要的是什麼。

能夠越早看得透徹些，懂得判斷自己身心靈真正的需求，生活中的「加」與「減」就能掌握自如，隨著人生不同階段，不斷調整「加」和「減」的內容。生命本身的價值都是獨一無二和可貴的，人生不一定要成為社會上被定義的成功人士，我們不需要追逐世俗眼光的「成功」，但是可以追求自我價值的實現。

回想起當年還是小業務的我，很刻意追尋如浮雲般的物質生活，以及一心想要往上爬，雖然沒有不擇手段但內心是百般渴望。當然我一路都很認真很努力，但是當身邊有一群一樣努力的人，誰可以上位？我付出很多，所以希望老闆最疼的是自己，我當時想說只要瞭解老闆的思維，就可以繼續當我人生的羅導。順帶一提，當年的我還有利用假日去和老闆的算命老師學習姓名學，只為了瞭解老闆看人和用人的思考邏輯和脈絡（邊回想邊搖頭笑我自己當年的單純和執著），有時真的滿懷念那個「看山是山，看水是水」的自己，當時無知到只懂得無限「加」在工作之上與追求自以為的成就感，根本不懂得人生只有和「前一秒的自己」比，而不是那些如浮雲的外在，還有一直添「加」給自己的枷鎖。

你會發現人生花最多時間做的事情就是工作，值與不值端看你的價值觀，唯有愛要即時，是我確認的真理！生病後，我把大多時間都安排「加」給我的家人。透過與他們相處，我發現在儒家文化的薰陶之下，面對外界我們總溫謙恭儉讓，面對家人卻最沒耐心，我自己就是典型的案例，因為我發現這個問題所以持續改進。

人生要「加」和「減」在哪，昭然若揭，不妨從現在起重新審視自己的選擇吧！

## 快與慢之間

現在社會看的都是效率。生活中動作要快、任何事要贏在起跑點上、企業要有先驅優勢，所以凡事要做第一。大部分人都是要快快快快快。

「快」沒有不好，很多事先做了，等於比別人更快知道真實狀況，可以事先布局。但這都是這個社會和世界告訴你的事和給你的認知，事實上人生的步調快慢是可以自己調整的，這和跑馬拉松一樣，不會一直快速衝刺，也不會永遠的均速慢跑，可以依據自己的步調、能力彈性調整。

「慢」在一般刻板印象中的認知是較負面的，會被以為不夠積極，或沒有效率。但如果能知道自己慢的節奏，便可以將「慢」轉化成一種慢條斯理的狀態，表現出扎實的優點。在慢的節奏下，需要時間讓自己的優點被看見而不被曲解，要能證明慢工能出細活，慢不是不好。

我自己是個步調很快的人，說話快、動作快、做決定也快，總喜歡把行事曆排得很滿，這狀態久了，自己都忘記人生應該要慢活，也很容易連休閒活動都會不自覺選擇有效率的，例如：打一場拳擊可以燃燒八百卡，卻只需要五十分鐘，我就不會選擇花一個半天慢慢的爬山。

我常笑說我已經病入膏肓，因為喜歡速成，講求效率，但說白了就是壓縮自己，這真的不是長遠人生應該有的唯一步調。

所以，我這兩年一直在學習靜與慢。習慣開快車飆速的人，速速到達終點是唯一目標，但是他會錯過沿途美麗的風景，而且這種飆法很耗油和需要大量專注力，人生漫長，你不可能所有路段都在飆車，況且車子也會受不了。

不管你的人生以怎樣的步調過活，都值得反思。老話一句，快或慢沒有對錯。但人得面對自己個性所帶來的正面與反面影響，因為更瞭解多面向的自己，人生會更圓滿、緣滿。

# 每一次下台，都是為了再次上台

一直以來我的工作領域圍繞在數位相關領域，以角色來說，我待過媒體端、平台端、客戶端和代理商端，所以在不同角色和各種數位領域鏈結下，常常有些演講的邀約請我分享數位轉型經驗，或數位領域相關主題。根據不同的主題、聽眾和領域，我都在觀察和吸收、反思。觀察的範圍包含了主辦單位、其他講者的內容、聽眾類型、聽眾聽完的反應與互動等等。

正所謂「台下十年功，台上十分鐘」，能被邀約站在台上侃侃而談的人，我相信大家都有各自奮鬥的過去與專精的領域。但是有些企業創辦人或高管，就像在講 sales kit（銷售簡報）一樣銷售產品，根本沒有顧及這是什麼場合，或下面聽眾的領域與職階，使用的是不是對方聽得懂的語言。還沒喚醒台下需求前，就一直瘋狂銷售正是最無效的溝通。

優秀的演講人與分享者在台上最重要的就是不要離題，不要為了演講而揭露公司重要訊息，要說台下人聽得懂的話，內容要整合過，不能支離破碎。

如果有機會和意願，我發自內心鼓勵大家多多參與有價值的工作坊或論壇，但不要只有聽與抄，打開五感，感受這場活動的參與者和業界的動態。

講完台上，那麼台下十年功要從何得來？以我自己過去的職涯經驗，要找不熟悉的環境和有相關性的新領域，但是職務內容不是自己完全熟悉的事物。嘗試做自己能力不足的事，因為不順才能激發你的潛力，彌補你的不足，你也可藉此看盡世態，練習處世待人與強壯心智。

當你台上分享完畢其實就是下台後繼續累積與堆疊你下次上台的演藝與呈現。

## 人生在對的時間下台、上台

人生職涯規畫至少要以三年為單位，並完整布局五年，預先看五年後的自己。

以我自己來說，之前任職於某份新創公司的工作時我已掛階總經理，而且那是一間很好的公司，創辦人也很有前瞻策略，我和股東間互動也很好，為何過爽爽的還要選擇「下台」，去一間外商公司掛CMO？而且CMO和平行的事業部總經理間，要處理各面向的事情，抬頭沒比較好而且能真的獨立作主的事較少。

對我而言，「下台」是為了有機會再次「上台」貢獻，集合我過去所有數位媒體相關經驗，應用於新的工作上。新上台也著實讓我適應了好一陣子，因為這個大集團有十六到十七個牌子在台灣，我的部門是Corp.，涵蓋了EC（Website、Pure Player、E-retailer）、Digital（Paid / Owned / Earned Media）、Data（Privacy & Application）、CRM、CAC（Customer Acquisition Center）、Consumer Intelligence、Market Estimate、Training、Tool Launch、Contracts，同時這些工作要乘以十六到十七個品牌。事情多不在話下，而且還蓋了四大市場（Selective Market、Mass Market、Derma Market、B2B Professional Market）。

我上任後，幾乎是退居幕後（當然和角色、企業文化、產業屬性有很大相關），但我不後悔，因為我有很明確來這間公司的目標，而且這是一間很棒的公司，數位化很徹底，集團整體策略具前瞻性，高層和同事們也都很優秀。我當時直屬報告的台灣總裁陳敏慧小姐，是一位很棒的女強人，具有高度的和高瞻遠矚的視野。

確立目標後，一切都是過場，但是每個演出都要竭盡當時的全力，將當下資源極致的發揮並對得起自己，才是最重要的。我常和一些創辦人笑說，你們頂多用錯人，但是我更怕自己的信譽沒了，我就是用這種態度面對人生職場的「上台」和「下台」。

職場中所有的下台對我來說都是在準備另一個「上台」的挑戰，沒有一定要華麗轉身，但是要非常清楚自己下個上台的定位與目標。

PART

# — 5 —

# 現代女人必修課

# 女人，從愛說起

二〇一〇年因為我轉了念，才有機會用不同視角認識這個尊重我和愛我的男人，不然我依舊會憑「感覺」，以「來不來電」這種虛無飄渺的東西論愛情。感覺這東西稍縱即逝，而且隨時會變，女人總有自己特別欣賞的類型，但也有可能你還沒有機會看到對方不同的一面，就先斷定他是否是你的 Mr. Right，甚至因此和他擦身而過。

這十年中的前五年，我怕孩子生下來沒有媽媽，就沒去想懷孕的事，心力都放在追蹤病情上。近五年的焦點則轉移到事業上，加上隨著年紀漸長，也就沒有強求一定要生孩子。而這個陪我一起走過十年的男人，陪著我成長，完全給我空間和自由，因為他的尊重與愛，我沒有因為沒生小孩而覺得人生不完整。

人生不是一直用社會的標準去外求或自我框限才叫做圓滿或完整，人有時候是被自己的「認知」給框限住的，或害怕自己與「世俗」不同。把握珍惜自己可以掌握和擁有的才是真我。

我的認知、我的轉念、我的正向，加上我很幸運，所以有很多時間去過喜歡的生活與發掘興趣，又每每在不同的興趣當中發現自己不同面向，再好好珍愛自己，過更好的生活。有這樣的循環，家人就不會擔心，這才是愛自己和愛家人的極致體現。

## 回頭愛你自己

女人的韌性與包容能力無限大，很多人經歷了事件，才驚覺自己一路上照顧了全世界，卻忽略了自己。

愛自己不是口號，很多女人常常忘記「愛」自己。你多久沒有好好的、慢慢的深呼吸，傾聽心底與身體的需求與聲音？

神給每個人不同階段不同的功課，所以我們都在面對不一樣版本的人生以及應該修業的功課。我們不是別人，沒有體驗過別人的人生，所以沒有資格妄下別人人生的斷論，但是你可以自主選擇過好屬於你的人生。

而人生有百態，各自有不同的選擇：有全心衝刺事業的女強人、有極度以家庭為重的上班族、有婚後選擇成為全職家庭主婦、有單身貴族等等。

每個人精采奮鬥的篇章裡，各自際遇與個性不同，都會有不同課題，沒有對與錯，但要樂於自己選擇，而且是真正的選擇，而不是世俗的觀點與框架。

## 如何愛自己？

很多人「以為」自己無所求，可在現實世界中，人類只要付出，多多少少都會期望有回應，只是期望的回應，可能會以你希望的不同形式呈現，當你失望或受傷了，才會後悔沒有多

「愛」自己一點。而付出過程中能者絕對多勞，所以不要在驚覺或自以為可以照顧全世界後，才來「愛」自己。

愛自己就是讓自己自在、舒服與隨興。我愛自己的方法有很多，像是逛街隨心所欲買自己喜歡的東西，那些東西不一定得是名牌，重點是拿著自己賺的錢去做自己想做的事。另外我固定每週會去做經絡按摩，透過專業師傅的技術，讓我的身體獲得全面的放鬆。

愛自己之餘也要隨時「迎」新，發掘新鮮有趣的事物讓自己保持前進、年輕與活力！

我們已被世俗教育的很僵化，當自己有能力包容、有韌性持續付出，但是也需要喘息與釋放。聰明的女人會在不同角色中不斷轉換臉孔，收放自如，這很難，所以需要學習。

這世界之所以有趣正是因為每個人都有自己的故事，我們可以聽別人的故事反思自己的人生。我常常笑言，人生和數據一樣都需要優化，沒有人天生就會做爸爸、做別人子女、做老闆。

女人需要培養興趣，你的世界不是只有老公和小孩。我認識的很多母親花很多時間在小孩身上，這沒有對錯，是母親的天性，但是不要忘記過與不及都不好，生命有自己的出口，不是一直「加」就是一種付出。

如何發現自己的興趣？先不用判斷自己的喜好，很多事就是去做，享受專注當下也是種放鬆，慢慢就會發現自己的興趣所在。

每個階段我會有不同的興趣，最近的興趣是法式烘焙甜點和麵包。研究各國麵粉、烘焙時的溫度與濕度、麵團筋性與手法，跟著留法的專業老師們學習可麗露、費南雪、法棍、歐式千層可頌，專注在當下的同時也獲得放鬆與成就感。有時候我也享受閱讀，雖然我的職業是數位化的世界，但是我喜歡閱讀紙本時的溫度與紙筆書寫的手感，且閱讀文字總能帶給我啟發。閒來無事我最愛尋遍台北的咖啡廳，品嚐咖啡，享受店家環境氛圍，並閱讀自己當時喜歡的書籍。

我不斷在發掘自己的興趣與每個階段不同的自己。這幾年我最愛的味道就是「苦」和「酸」，這兩個味道讓我覺得很真實的活著。每天早上一進到公司，我都會喝一杯最愛的濃縮咖啡，尤其聞一聞濃縮咖啡表面浮的那層油脂crema，總會感到滿足和沉醉不已，又是開心的一天的起始。

鑽研萃取溫度和平衡力道壓粉，研磨粉末粗細和萃取流速，研究和選擇豆子等等，生活的樂趣靠自己尋找，找到那把會讓你啟動開心的鑰匙，也許是生活中的小事或小興趣，但是一旦微笑開始每一天，雙眼所及的世界都會是無限希望和美好。

## 愛的表現

為人子女該如何表現對父母的愛？對待自己的另外一半或子女也是一樣，怎樣的方式叫做愛？很多人心裡很愛對方，偏偏不懂如何表達或羞於表達。就算願意表達，但是表達的方式，是不是對方認為需要的愛和感受到的愛呢？

任何一種情感的互動必須建立在互動雙向上。簡而言之，我們必須要搞清楚如何表達，可以讓對方感受到，是對方真正需要的。而不是用自己單方認知的方式去表達，活在自以為是的世界，還在表達後種下埋怨對方的種子，覺得對方不懂自己的心。

我們要珍惜和細細品味我們生活中珍貴的人事物。所有的互動與彼此情感的流動，是我們決定呈現的方式。

我與先生到二〇二〇年為止已結婚十年了，我與他兩地的時差是六或七小時（看有否碰到日光節約時間），台灣晚上十二點是他那邊晚上六點。他吃晚餐時我們會視訊，我看他「吃播」晚餐給我看，有時看他吃著看起來很好吃的料理，我也會同步煮來當消夜吃。一樣的月亮下，不同的空間，吃著一樣的料理，就像是坐在隔壁一起吃飯聊天。我們到現在的相處模式還沒有變得像家人一樣，還是像戀愛中的男女朋友。這就是我對待生活和情感的正面態度，任何情感不管相處多久都需要細心經營。

柴米油鹽醬醋茶會消磨掉很多東西。可能你沒發現，但其實比你想像中更愛或更需要對方，所以要珍惜，用彼此覺得舒服和需要的方式呈現和表達你的愛。這是種雙向的付出情感方式，表裡呈現一致時，別人可以認同和感受到你的愛和付出，就不會再被誤解，不會覺得委屈。

# 閱讀自我

在二〇一一年治療癌症時，我人生第一次沒上班一個人在家裡。但我天生是過動兒，加上那時很年輕、很怕無聊，有事沒事就撥電話給我老公。有一天他下班回家後，我們在閒聊話家常，他突然告訴我，說他不喜歡那份工作想先離職。當年的我很單純沒多想，也一直覺得工作再找就有，而且剛好我在治療，那不如留在家陪我，暫時不上班也沒差，結果我的天使老公就足足陪伴我完成一整年的療程。

二〇一四年的某一天，我們夫妻倆又在閒聊，聊他這幾年的創業過程和職涯規劃，他才脫口說出，當年沒有不喜歡那份工作，只是怕我一個人對抗病魔，一個人在家會想太多，還怕我自殺，所以找了個讓我可以接受的理由，離職在家陪伴我。當我聽到時，我的嘴巴張開到可以飛進很多蚊子，同時心裡很感動，卻氣他當時不和我說真話、和我討論。就在那當下，我心裡一直覺得虧欠他很多，因為他的人生職涯很有可能是被我打亂的。

二〇一八年的某天，他讀MBA時候的同學邀請他一起開發歐洲市場。他的同學莊先生家境非常好，但是從沒有驕氣或傲氣，為人很正直親切，找我老公共事我非常放心。幾經討論後我極力說服他去歐洲開疆闢土，我心裡想的是，縱然我會很寂寞孤單，也不能因為小夫妻的愛情，而讓他放棄開拓事業的機會；另一方面我也想還他當初那股傻勁的付出，這回輪到我支持他做他想做的事情了。

二〇一八年是我們結婚第八年，他已開始在準備歐洲生意，所以常常飛來飛去，我也因為剛去法商常常出國出差。曾經有次出差，我們剛好都在德國，但是在兩個不同的城市無法見面。

二〇一八到二〇一九年之間我們聚少離多，而二〇二〇年又因為COVID-19法國封鎖邊境，導致我們有將近一年沒過見面。

說了這麼多我們夫妻的遠距離戀愛故事，我想說的是，當年紀已到，這時候獨自一個人，反而可以真真正正的「讀」我。這真的是很特別的經驗，很像是本來用眼睛看這個世界，用耳朵聽周遭的聲音，這世界的所有外在物質分散了我的集中力，而沒有真正傾聽瞭解自己。二〇二〇年，我們因為被 COVID-19 拆散，我突然必須得一個人生活，對自我內心或需求的認知，在這份孤寂中更加放大。

這很像是又恢復單身，但是已不是當年那個二、三十歲的小妹妹，心境已然不同。我一直覺得女人在不同階段，應該要從每一件事件當中獲得體驗，並認識真正的自己。獨處時刻，好好釋放自己、寵愛自己、發現自己。

我最愛和推薦的「獨我活動」有空中瑜珈、SUP、烘焙、泡杯咖啡讀一本書、品酒、品茗、按摩放鬆筋骨、跟貓玩等等，只要是一個人的長期獨處並釋放外在的平靜心靈下，都有機會可以真正認識自己。

人生不該只是追求外在的物質，拚命賺錢，拚命吃喝玩樂花錢，再去拚命賺錢，這是一種心靈空虛無盡的循環。

當你從沒意識到「讀我」和「獨我」的重要，有一天會發現其實最不瞭解自己的人就是你自己。越瞭解自己會讓你得到釋放，但是與此同時，請先讓自己處於一個身心獨自的狀態，而不是喧鬧城市中，在規律的群體社交中去瞭解自己和察覺內心。你有可能因此發覺其他的面向和完全不同的自己，你會明白，你有權利把自己的人生活得更自在。

# 畫對重點

人生如何列出優先順序是門大學問，當你知道什麼是重點，才會知道應該在意什麼，如何排列出先後順序。

從小到大，從得到貼紙到獎狀的成長過程，大家都說一百分最棒，我們都想得到老師和父母的鼓勵。但是沒有人告訴你，其實得到七十分以上也很棒，重點在有沒有回去檢視為何無法拿到那三十分。而考一百分的人真的全部都會？都沒有猜對的？如果活在一百分的光環表象中，沒有意識到自己並不是真的全部都懂，大考也能一百分嗎？就算考到一百分，代表的是什麼？

人容易輕忽大意，所以當人覺得這些科目已有把握，大考前都在準備別的科目，到真正大考可能就失誤了。所以如果只是為了拿到一百分，或得到別人的肯定而讀書，就是畫錯重點。

如果出了社會進到職場，需要老闆肯定才有自信，這也是畫錯重點，不是每一個主管都會用口頭鼓勵來表達肯定，而那些肯定也不代表你這個人的價值，更不該以老闆的喜為喜，害怕到動輒得咎，不要忘記工作只是人生的一部分。當你結婚生子後，名字多了好幾個：○太太、○媽媽、誰的媳婦、誰的小姑，別忘記你是誰和你的本名，不要成全了全世界，最後為難了自己，一直把自己擺一邊，其他人擺前面。

如果不愛自己和顧好自己就是畫錯重點，沒有一個人有時間和能力面面俱到，硬撐到最後一定會潰堤，只是每個人以不同種形式潰堤罷了。將自己一直顧好的人，才有能力未來一直照顧大家，這才是愛家人和愛自己的長遠方式。

## 畫有虛線的人生藍圖

每天我們都活在當下，處理眼前的大小事務。但偏偏人生不是短跑，只看眼前的話，我們會一直被流逝的時間影響。隨著不同的際遇、選擇，也牽動了空間這個變動因素。我自己也常常感到疑惑，那未雨綢繆的計畫呢？後來想想反正計畫趕不上變化，我自己最後歸納的方法是，仍會有短中長的人生規劃，但在這個規劃裡，我願意接受和面對所有可能的變數，對我而言，預先有心理建設擁抱變化是必須的，人生需要有虛線的藍圖，接受變數永遠存在，內心需要放下「執我」，才能關關難過關關過。當你預先有準備，願意擁抱變化，人生就會多了份從容感。你必須學會面對現實，也要懂得現實人生中「無常」才是人生常態。勇敢強壯自己心智去面對任何未知和變化，會讓人生更加有份踏實感。

我有感人生中每每面臨變化都是牽一髮動全身，無法全盤皆在掌握中和盡如己意。所以如果願意擁抱變數，樂觀將手上的牌打到最好，也是一種豁達的境界，學習豁達的態度是人生必修課程。

我常常把自己逼很緊，雖然心智受得了，但是不代表身體受得了，身體有可能因為壓力皮質醇上升，卻不自知。身心是互相影響的，人生有時該放棄追求完美，把自己看輕也沒有不好，地球上就算沒有了人類，仍會持續運轉，很多追求都只是內心的「執我」作祟。

## 人生應該追求的事物

當我一直試圖瞭解從內到外的真我時，我看清很多曾經有的盲點。我還在學習中，持續修正自己不需要存在的執念，這過程中指導我修習生命這門功課的就是紫嚴導師。

認識紫嚴導師之前，我是一個不折不扣的「俗人」。透過紫嚴導師的指導，聆聽他的演講，我持續努力掙脫「俗人」這框架。什麼是我認知的俗人？只追求金錢不知道自己要什麼、只懂得一直要求自己的伴侶和親人，這樣的人就是俗人。

人生中很多不開心的狀況會不斷發生或一直干擾，都是因為沒放下、沒轉念。一直追求成功，覺得自己不順遂或錢不夠用，有可能是你根本沒有需要這麼多花費。這當然只是舉例，我只是想強調，在人生中我們有否抽絲剝繭所有事情的因果與源頭？這些所謂俗世中不開心的事來自何方？

換個角度想，我到目前為止努力打拚人生，不求富貴，但是可以孝順父母，帶他們吃好吃的、到處走走看看。這是我自己願意付出願意打拚的，沒有人架著刀子逼迫我，既然要拚就不要抱怨或軟弱。

只是人生追求的不應該都是表徵表象，像是抬頭、名利，我能與人共勉之的是：追求的同時要看清楚目標是否你真的要的？既然要做，就要明白那是自己的選擇，所以必須積極和正向，如果光說不練，或努力的方向與目標背道而馳時，結果絕對可以預想而知。有努力就有機會，不努力絕對沒機會，甚至沒能力看出已有機會。一切的前提是，你真的下了工夫努力，方法、方向都要對，才能抓住機會。

## 面對你的抉擇

人生不是只有重大方向的決定才叫選擇或抉擇，你可以一早起床決定放縱自己，想吃什麼就吃什麼，還是自我要求嚴格又注重營養健康，就算不想吃那些健康食物，最後還是選擇吃優質蛋白質當早餐？

從自己的每個判斷和小動作，就可以觀察到自己是不是一個自律的人。通常自律的人選擇權比較多，因為他無形中堆疊累積實力，正因為人生無時無刻都在做選擇，這些選擇的堆疊，就是未來抉擇的基石。如果你一直選擇往夢想邁進，累積的基石一定會更加深厚。一旦有天有很多機會給你做抉擇，將會擁有具掌控性的選擇權，而不是被選擇權。

我在二〇一六年選擇報考臺大復旦EMBA後，完全沒有假日可言，飛去上海之前的一週內要壓縮工作量先做完，回來台灣後直接上班沒有假日，這樣一來一往等於連續十二天沒有休息。之後每個月內有至少一週是這樣兩地飛，回來後的周末要找時間寫報告，一樣沒有休息，而這就是我那兩年的抉擇。不敢說EMBA一定對我的人生產生多大的實質作用，但是我確定我沒有虛度人生，我持續擴展我的領域、視野與人脈。

選擇與抉擇沒有好壞之分，如同我先前提到的論點，任何選擇或結果好壞，都要將時間軸拉開來看，而且具正反兩面。

我對人生選擇與抉擇的總結是：開心就好，選了就不要找理由退縮，做了就要享受過程，不要抱怨，請有毅力和盡全力完成這個選擇，而不是遇到困難就逃避，這樣讓你跌倒的問題點沒有克服，它還是默默無聲的在那裡。

選擇也不是只存在於人生方向，交朋友也是一種選擇，我的習慣是不喜歡只和同溫層交朋友，志同道合和同溫層固然很好，但是我無法看見不同的觀點與視野。朋友無貴賤、年齡之分，只要來往舒服，有值得學習之處，有共同的興趣，都可以豐富彼此的生活和視野。所以我喜歡交各式各樣不同的朋友，朋友是書，當你靜下來認真閱讀它，它會讓你讀萬卷書和行萬里路。

人的生命是有限的，人生只該花時間駐足在美好的事物上。所以每個選擇與抉擇都格外的重要。如果一直放任自己人生任性妄為，就會失去改變自己的機會。

# 圓滿人生的三個思辨

圓滿也是緣滿。人都不是完人，所以都有喜好的人事物，但人事物的對接不會全部圓滿和緣滿。如果只為了追求表面的圓滿，甚至是委屈一直往肚裡吞，那就只是個濫好人。我並不是一個只會滿口仁義道德的人，所以盡量在自己不委屈、可以做事和做自己的狀況下，去追求事的圓滿和人的緣滿。如果沒有圓滿和緣滿，其實最後心裡仍感覺有一根刺，所以這份圓滿和緣滿是為了讓自己和彼此可以感到舒服無愧。人和人相處，只要過程圓滿，緣滿時也就無憾。

人與人做事不一定要回報和回應，最重要是過程無愧於心，保有這種邏輯和心態可以讓我們腰桿挺直待人處世。

## 看清與看輕

我出社會十多年，總會不自覺反射性的察言觀色。如我之前分享，我是會張開全身毛細孔呼吸的人，因為我深深明白，做人和做事一樣重要，要融入社會和職場，別人還沒看到你能力，先評判的是你的為人，而且說實話，不是每個職場中所擔任的角色和職位剛好都能適任發揮，有太多原因可能無法人盡其才、發揮所長，所以讓自己可以隨時看清狀況和局勢、看清問題和癥結、看清因和果、看清自己和他人、看清表和裡、看輕短中長程目標，這些都是待人接物的基本資訊。這個工夫要怎麼練？不斷觀察、不斷感受、不斷換位思考、不斷多元探試、不斷優化自己的應對，包含轉換角色時的溝通呈現和思考邏輯。這些就是歷練和磨練的堆疊。

很多人會覺得自己終於看清某人，或看清某事，其實可能事實本身早就存在。世界上的所有事都因為立場不同而有著不同思維，我們都有看清的一天，但不是負面思考的開始，而是更加豁達圓融的人生觀。

看輕自己，看重人生。看輕自己是願意承認自己不足，就可以像海綿一般，願意一直吸收，並持續吸收成長。看輕是真正看重自己和愛自己，因為相信自己值得且未來會更美好。

此外，必須認知到「你很重要，但是宇宙更大。」地球裡沒有渺小的你和我也可運轉，所以不需要什麼事都往身上攬和扛。你必須看清，把時間花在值得的人事物上。

人生很珍貴，所以要看重我們的每一步抉擇。人通常被外界看到的都是表向外在的模樣，真的不需要在意他人的片面認知而影響自身心情。你要在意且看清的是：真實內心的你，真實的需求，每天鼓勵自己，告訴自己「你很棒」，繼續努力認真踏實過著重要的人生。

## 跪人與貴人

認識了某達官貴人，你會不會不自覺「跪人」？你有沒有在社會上看到很多人為了贏得貴人提拔而跪人？無論哪一種情況都沒有錯，這是人生的選擇。但問題的癥結不是跪本身是對是錯、是好是壞，問題點是用跪的有用嗎？通常我面對貴人的方式，都是交流各自的領域市場脈動，多聽聽他們的見解和觀點。

人與人的相遇是緣分和牽繫，有時候是一種機緣，不一定在一開始就判斷他或她是不是貴人，在沒有利害關係下，秉持無目的善心而種下的機緣，才會是最真實和可貴的緣分，這種真正緣分的開端和善緣，有天當你需要別人推一把時，貴人會樂於幫你，這種牽繫才是最真誠可貴的。

與其當手心向上的人，你也可以當手心向下的人，有機會可以當別人的貴人，而且不求回報和無所求，正所謂施比受更有福。

最高層次是當自己的貴人，無須外求或欠人情。我舉自己的例子，很多事情是因為一個因緣際會而決定努力去完成它，先不管結果成功與否或好壞，為了做好，我會每個環節兼顧，多方環節中努力做到極致，而最後，真的讓我有所獲的，都是因為努力過程中又連結了其他機會點，等於是我自己幫自己創造更多機會。但是我一開始根本不會知道這些努力有一天會變成另一個創造出的機會，而是機會自己不斷的裂變。

我只想和大家分享，人生主控權其實操之在己，我在人生中遇到每個值得學習的對象，都是謙卑的，而這些貴人都具有高度和視野，值得我學習。就算曾碰到有些環境真的需要貴人，但是我沒有失去自我，靠抱誰大腿才上位。如果你的貴人要靠你跪人才能幫助到你或指引你，那你一定跪錯人了。

## 心虛與虛心

在不同成功人士身上找尋自己可以向前進的動力，減少理由給自己，自然會很虛心的一直學習與成長。這個世界一山又有一山高，虛心的態度可以讓自己超越自己。

記得某次和全球名列前茅的某企業接班人在聊企業數位轉型時，他突然問我，你明明就有專業素養，為何需要這麼謙虛？其實我真的不是假裝謙虛，而是我知道這位接班人有很多學識和歷練，我沒有必要也沒理由在他面前驕傲，畢竟不是我能力所及之事就是全世界啊。

當你蹲低是為了跳躍更高更遠時，蹲低的心境和姿勢都只是過程，試著看扁自己，聽聽不一樣的觀點後，學著認同別人，也是一種跳躍前必經的學習過程。我們如果自我意識過深，或以自我為中心，在還沒開始任何交流前，就已先限制了自己的成長。

我自勉「看得到未來，但是看不見自己」，因為自己真的很渺小，持續亦步亦趨的不設框架，虛心前進優化人生。

你我都遇過心虛的狀況，我們不是完人，非十項全能，遇到非自己能力所及或不懂的事情一定都會有，但這些都是過程，如何虛心再努力才是對應之道。心虛是種當下狀態並不丟臉，一直懂得虛心前進的堅強心志才是值得驕傲的。知識上的心虛狀況非常可取，因為知道還有不足，最重要是做人不能心虛，待人處世的心虛代表著有愧於人，己所不欲勿施於人就是最好的處世準則。腰桿子可以打直並不心虛的和大家來往交流，人生還有什麼是更暢快的呢？

# 生命的出口

我們和最親近的人相處時，如果對方不懂你，你可能覺得很受傷。但事實上，沒有人可以完全懂另外一個人。每個人都是獨立個體，語言表達也有落差，感受的程度也不同，加上完全不同的生活背景，成長過程際遇迥異，天生個性也不一樣，我們必須理解不可能有人百分之百瞭解自己。自己瞭解自己才是最重要的。

和最親近的家人相處時，因為親近，一定都是赤裸裸的溝通。一旦意見不同，無法達成協議時，又想說服對方，就可能衝突不斷。其實就因為最親近，沒有修飾的溝通和相處，反而應該更加小心。要珍惜你們是一家人、父母、夫妻、孩子、兄弟姊妹。

當人曾經對最親密的人無形的投射與索求，就是墜入深淵的開始，以愛為名的利刃正在刺向最近的人。我們期望老公升官發達，望子成龍、望女成鳳，像是有的人會覺得自己以前沒讀財經或醫科，而希望子女能夠朝這方向發展，因為這是自己認知最好的路，「聽父母的的準沒錯」、「我是為你好」這樣的話不知不覺就說出口；或者對最親近的另一半說出「老公你身為一家主，所以應該更加努力往上，唯一的路就是升官發達，別人的老公都……」這樣的話。

當我們投射這些需求時，很可能是無謂的關心與付出。許多事情都要自己體驗經歷後，才會深刻感受和學習，得自己經歷生命中酸甜苦辣的洗禮，不是旁人因為擔心或求好心切可以左右的。

每個生命都是獨立個體，而生命有自己的出口。大家只是因為緣分成為一家人，但是不代表個人的情感投射所做出的要求與關愛，就是愛的表達方式，這對另一半或小孩來說也不是實質的幫助。他們有自己的人生、自己的選擇和自己的路。

練習不投射自己的喜好與觀感去框架住你愛的人，給對方空間和尊重，這也是一種愛。當你改變思考模式和付出方式，一切的氛圍和思考邏輯都會改變。

對家人最好的愛的表現，就是照顧好自己。

## 對父母親懷抱感謝的心

我每每聽到父母或親戚提及過往他們的小時候，或說到我的成長過程，我真的很想坐上時光機，看看父母親所處的那個年代的樣子，靜靜的在一旁陪著他們一起長大。我好奇在那個年代怎麼可以養育出像我父母一樣，如此節省、自立自強、堅毅不拔的人。只懂得付出給子女，卻從來沒想要回報，自己花一分錢，給子女九十九分。我相信大部分的父母都是這樣養育自己的子女。

回想成長過程中，到外地上課人不在他們身邊，出社會後也有可能跟他們住在不同城市，結婚後又另組家庭，在父母身邊的日子其實比想像中來得少和短。全天下只有父母可以讓自己折腰和委屈，如果不即時盡孝，年紀越長會越難原諒自己。我真心感謝我的父親、母親與乾媽，他們付出了他們的全部對待我。

## 別忘記謝謝自己

記得每天感謝你自己。今天的你都是昨日之前的累積。但人很健忘，忘記是過去哪件事，或哪個觸發點，或曾經看過哪一幕，或某個人，又或者是所過去所有人事物的堆疊，造就了現在的你。隨時光流逝，我們不知不覺就變成了現在的自己。

抽絲剝繭去檢視，為何自己變成現在這樣子。我沒有想對自己現在的狀態做評論，我只是想更瞭解自己，找回我的初心，並好好疼愛自己，瞭解自己真正的需求。

我無法乘坐時光機回去找那個小 Paris，但是我可以透過不同的活動和狀態探索和瞭解自己，可以是和朋友聊天時，可以是做 SPA 閉眼思考時，可以是瑜珈冥想時，可以是和算命老師對話時，可以是獨處或閱讀時，可以是看劇但是反思自己時，也可以是和先進成功企業家請益時。用你自己的方法找到需要被療癒的缺口。

鼓勵大家從慣性中抽離，因為慣性讓人僵化。我們都是教育和社會化下的產物，時常用大腦思考判斷，當然很難去感知或認識真正的內心。用身體和感官去感受和獨處，是我覺得最好認識內心真我的方法。獨處並不孤獨，心中如果不知道自己真正需求，像是有洞般空虛才孤獨。嘗試獨處沉澱，嘗試認識另一種維度的自己，一起找回最純真時的自己和初心吧！

# 人生的導師，身邊的強者

人與人互相的牽動，人與事之間的火花，從一開始的起心動念到認知，看事情是否是正向，你的認知判斷會影響整件事情的進行。

職場中以處理事件來說，換位思考是一個很好的方法，不只從自己角色中的認知去評判，更可以客觀地找到解決之道，並同理心理解彼此感受與認知，處理事情會更圓融。

感情也是一樣，我和我老公這十年婚姻的溝通裡用這一招過了好幾關，不然早已離婚無數次。人與人互動不可能沒有磨擦，人都不一定瞭解自己了，為何寄望別人瞭解你？所以換位思考改變對事情的認知真的非常重要，你可能因此豁然開朗。

當你面對挫折，就需要堅持可以支撐自己的信念，可以是宗教，可以是未完成的人生目標，可以是照顧你的父母……每個人的人生中有很多「信號」，可能是公司的某一事件，可能是你追的一齣戲，可能是擦身而過路人的故事，只要做到從第三者視角旁觀自己人生，認知正確，秉持自信不自大，持續優化自己，人生就會是活水，你會發現每天又進步一些，人生真的很美好。

我很幸運我有一位人生導師，他對我很嚴格，但是不斷指引我正確的人生觀念，灌輸我正確的認知讓我勇敢的走在人生道路上。我分享他書中的話，與大家共勉：

「有艷陽的地方，就不存在陰霾，有勇敢的心境，便不存在遲疑。願你珍惜每一個晴朗的好心情，深愛著心中每一寸自信，當燦爛陽光灑落心海時，會衍生出更多的愛與價值，許多幸福和美好也將相繼而至。」摘錄自《勇敢層級：用你喜歡的方式，活出你自己》，作者：紫嚴導師。

熟識我的朋友都知道我很喜歡紫嚴導師，他是開解我人生的貴人。我的理論很簡單，我不是迷信也不是沒想法，是喜歡聽聽導師不同層次的視角與解說。操之在我的事情我都會自己先評估，但還是會選擇聽導師的說法和觀點。能否知命掌運是一回事，隨著年齡增長，你會和我一樣體會到，運還是要有的，但不是代表努力不重要，努力很重要，不然運氣來了連看都看不懂或沾不上邊。

切勿迷信，社會上很多非正派學說，尤其是要你改運花大錢的那種，千萬不要被牽著鼻子走，詐騙還是存在的。

人生能衝刺的時間比我們想像中短暫，人生旅途如果真的繞了路，還要再回頭，時間等於雙倍留逝。並不是告訴大家應該要去算命，而是每個人可以選擇擁有自己宗教的信仰和心靈的指引依歸，只要清楚自己的方向，多多參考他人說的，也是有他的價值所在。其實導師的指引對我來說，像是在提醒現在的自己沒有看到的死角，以及未來的無限可能性。

中獎一千萬花完就沒了，新視角的啟發卻可能改變一生，這才是無價之寶。為何大家說個性決定命運？因為我們都有慣性思維和思考盲點，如果沒有人敲敲你，或你自己願意換顆腦袋，如何改變自己未來的路？結果還是要看自己怎麼選，沒有對錯，但是過程的反思有可能是人生新視角的啟發！

## 強者人生的縮影

一日為師，終生為父。台灣最高學府的國立臺灣大學教授學識和實戰經驗都是學界翹楚，以下我想特別感謝幾個人：湯明哲教授、謝明慧教授、陳家麟教授、郭瑞祥教授，承蒙他們和其他教授的指導，至今受益良多。身為ＥＭＢＡ教授，他們都是與時俱進的強者，才能指導著企業主們和專業人士們，這就是教學相長最大正面效益，不斷滋養莘莘學子，讓我們終身受用。

我身邊每個同學的背景不是只有職業優秀，有些同學和學長學姊，都已經是麻省理工學院或其他知名學校的碩士或博士，還是會來報考臺大ＥＭＢＡ的課程，讓我發現強者的共通特質就是：學無止境、學海無涯、活到老學到老。此外強者也樂於交友助人、樂於分享共學，共通點是「樂於」，這些都是一種態度，人生的態度，當你不是手心向上需要人幫助時，還做到樂於手心向下，牽人一把，正所謂施比受更有福，這些強者都是有福氣之人。

強者善於管理，無論是時間、金錢還是身體，尤其是身體，EMBA的同學和學長學姊都很熱愛運動。運動是活力與毅力的象徵，健康是一切的基石，他們都非常嚴格控管自己體態並對自己健康極度重視。

臺大EMBA是一個臥虎藏龍的團體，裡頭強者比比皆是，以下舉幾個我很佩服的人物和大家分享：

宏將傳媒集團董事長，林逢春學長，他曾於一〇八年度榮獲傑出廣告人暨終身成就獎，這是由台北市廣告代理商業同業公會所頒發的殊榮。林學長跨足的事業體眾多，包含宏將廣告股份有限公司、上海宏將廣告股份有限公司、宏將多利安股份有限公司、佳聖媒體行銷有限公司等等。

同時林學長還是復旦學院台灣校友聯絡處主任，他風度翩翩又帥氣，氣宇軒昂的風範讓我相當敬佩。林學長因為做人成功，人脈非常的廣，卻總是謙遜待人處世。

旭榮集團執行董事黃學長。旭榮集團早年以紡織貿易為主，在黃學長與父母共治下勇於創新，發揮全球供應鏈和一條龍服務的優勢將企業推向全球，坐擁台灣最大針織布一條龍整合廠，Adidas（愛迪達）、全球最大休閒品牌PVH集團（旗下有Calvin Klein、Tommy Hilfiger等品牌）都是旭榮的客戶。

黃學長說話非常具邏輯且條理分明，他是個非常聰明成功的企業家，又樂意提攜後進。他在二〇一七年成立了識富天使會的天使投資社群，透過系統方法論培訓天使投資人在評估新創項目上的能力，藉由新創加速計畫的陪跑顧問團，協助新創團隊在短期快速成長，期盼能成為台灣早期團隊在創業旅程上的暖心旅伴，現已投資近四十組新創團隊，目前有二百多位天使投資人加入，成員包含傑出企業家、二代企業家、新創CEO、高階經理人等人。

特力集團總裁何湯雄學長，掌管整個特力集團。特力貿易、特力貿易事業群有三大業務模式，分別是：貿易、代理、進口，占比最大為貿易，旗下有很多大家耳熟能詳的通路，像是HOLA、B&Q等等。

何學長是我們臺旦班口中的一班班董，他不只是個才華洋溢和幽默風趣的企業家，又非常有魅力且親和力十足。何學長個人投資極諾生技（GenoRx）公司，跨足健康產業，他發現了台灣的老齡人口不斷增加，開始花時間思考投入健康產業，親力親為拜訪醫院、健康診所，為了幫助高齡的消費者更健康，推出益生菌療法。

黃燕玲學姊，NTELLE Technology Management Consulting Co Ltd 創辦人。曾任全球五大傳播集團之一，宏盟OMG集團，台灣區CEO。她有鑒於國內行銷科技運用需要更多人才資源挹注，致力於數據價值對於人流導客的運用發展，所以都在提攜後進，精神可嘉。二〇一六年獲得行銷傳播傑出貢獻獎／年度傑出媒體服務公司經營者的銀獎。

陳怡君學姐，她是臺大復旦班第一屆的學姊，她所創立的愛爾達科技（愛爾達電視）是國內知名的媒體公司，舉凡奧運、世足賽、亞運等多項國內外體育賽事都是由愛爾達負責轉播。二〇一二年新媒體奧運轉播的創新表現，她受邀成為二〇一二倫敦奧運火炬手之一，為臺灣代表中唯一的女性。二〇一八年陳怡君學姊獲得《經理人月刊》二〇一八年度一〇〇MVP經理人「年度Super MVP」的殊榮。她是一位成功女企業家，豪氣干雲，並樂意提攜後輩。

上述這幾位強者常常給我機會和他們請益並提點我，我身為後輩懷著感恩的心。我只是高階經理人，而他們都是成功企業家，我要學習的是他們做人成功的態度和創新的思維，他們的的共通點就是：具有企業家格局、做人謙遜有禮、願意提攜後進、樂於回饋貢獻社會、高瞻遠矚的視野、勇於創新並擁抱改變，這和我小時候我的父親常常和我說的一樣：深水靜流，我謝謝我父親用他的智慧，從小教導我正確的觀念。

沒有人有義務對你好，別人願意提點，我們就是應該心懷感恩，我是個非常相信緣分的人，所以我珍惜善緣並懷著感恩的心與人互動。

如果你有機會看到這本書，開心你我之間的緣分，一起從改變自己開始，不斷優化屬於自己的精采人生。

# 你，就是改變的起點

作　者—羅煒茜Paris Lo
主　編—王俞惠
行銷企劃—謝儀方
封面攝影—黃天仁
特約編輯—艾格
全書裝幀—倪旻峰
髮妝造型—魏孝純
內頁排版—唯翔工作室

第五編輯部總監—梁芳春
董 事 長—趙政岷
出 版 者—時報文化出版企業股份有限公司
108019台北市和平西路三段二四〇號
發行專線—（〇二）二三〇六六八四二
讀者服務專線—〇八〇〇二三一七〇五
（〇二）二三〇四七一〇三
讀者服務傳真—（〇二）二三〇四六八五八
郵撥—一九三四四七二四時報文化出版公司
信箱—一〇八九九臺北華江橋郵局第九九信箱

時報悅讀網—http://www.readingtimes.com.tw
電子郵件信箱—yoho@readingtimes.com.tw
法律顧問—理律法律事務所　陳長文律師、李念祖律師
印　刷—勁達印刷有限公司
初版一刷—二〇二一年三月二十六日
初版二刷—二〇二一年四月二十一日
定　價—新台幣三五〇元

時報文化出版公司成立於一九七五年，
並於一九九九年股票上櫃公開發行，
於二〇〇八年脫離中時集團非屬旺中，
以「尊重智慧與創意的文化事業」為信念。

你，就是改變的起點/羅煒茜著. -- 初版. -- 臺北市：時報文化出版企業股份有限公司，2021.04

208面；14.8×21公分

ISBN 978-957-13-8775-8（平裝）

1. 自我實現　2. 職場成功法

177.2　　110003727

ISBN 978-957-13-8775-8
Printed in Taiwan